Quantenkryptografie, Quantencomputer und Recht und Wirklichkeit

Knell Gabriele

Inhaltsverzeichnis

Wie alles begann..................Seite 5
Der Anfang vor vielen Jahren....Seite 6
Rechtsphilosophische Grundlagen und die
Unterschiede zwischen Rechtswissenschaften
und Naturwissenschaften.........Seite 8

TEIL I Überblick und
Einleitung.......................Seite 17

TEIL II Nähere Ausführungen zu den
rechtswissenschaftlichen
Ansätzen.........................Seite 31

Quantenkryptografie und Quantencomputer in
Verbindung mit dem Datenschutz und der
Datensicherheit..................Seite 36

Europäische und nationale
Datenschutzregelungen und
Informationssicherheitsnormen...Seite 43
Quantenkryptografie und
Datenschutz......................Seite 61

Zukunftsszenarien................Seite 73

TEIL III Geschichte der
Quantenkryptografie..............Seite 78

TEIL IV Quantenphysik, Philosophie und Feminismus

Feministische wissenschaftliche Aspekte....................Seite 96
Physiker zu Objektivität.................Seite 100
Objektivität in den Naturwissenschaften.........Seite 110
Objektivität, Wirklichkeit, Recht und Quantenphysik.................Seite 137

TEIL V Die Zukunft...........Seite 160

Zukunftsszenarien Fortsetzung....................Seite 175
Neue Rechtsfragen.............Seite 182
Rechtsphilosophische Überlegungen..................Seite 191
Die Sprache..................Seite 197
Zusammenfassung..............Seite 203

TEIL VI Quantencomputer.......Seite 208

TEIL VII Schluss

Das digitale Zeitalter....................Seite 236
Supraleitung und Recht.........................Seite 252
Offene Fragen.................Seite 256

WIE ALLES BEGONNEN HAT

Begonnen hat die Arbeit an diesem Buch nicht
mit der Idee, ein Buch zu schreiben, sondern
mit meinem Interesse an Quantenphysik und dem
Ziel eine inhaltliche Verbindung zwischen Jus
und Quantenphysik zu finden, die zu mindestens
ich als lohnend erachte, sie zu vertiefen.
Der erste Weg, um mich diesem Ziel zu nähern,
war der Gang an die Universität zu vielen
Physikvorlesungen, Seminaren und Fachvorträge
über Quantenphysik bei Konferenzen, Symposien
und Workshops an der Universität.
In Laufe dieser Beschäftigung und nach vielen
Gesprächen mit Physikprofessoren und
Studierenden und persönlichen Recherchen bin
ich auf die Quantentechnologien gestoßen, kurz
zusammengefasst geht es dabei um die
praktischen Anwendungen von Quantenphysik.
Jene Zeit an der Universität habe ich als sehr
inspirierend in Erinnerung, als eine Zeit des
intensiven Austausches mit anderen. Wichtig ist
noch, um den Text besser zu verstehen, dass ich
das Angebot des Leiters des Instituts für
Technikfolgenabschätzung (TA Institut) an der
österreichischen Akademie der Wissenschaften
angenommen habe, ein Konzept zu entwickeln für
ein wissenschaftliches Forschungsprojekt über
mögliche Folgen von möglichen Anwendungen von
Quantentechnologien. Der erste Teil, in dem ich
mich näher auseinandersetze mit dem Datenschutz
und Quantenkryptografie, wurde noch geschrieben
in Hinblick auf eine rein wissenschaftliche
Arbeit und Herangehensweise. Da aber das Thema

Quantentechnologien und ihre Auswirkungen trotz des Interesses des Leiters des TA Instituts an meinem Konzept er dieses Projekt auf spätere Zeiten verschieben wollte, und ich das nicht wollte, habe ich die Arbeit letztendlich alleine verfasst, und ich habe entschieden, mich von einem reinen wissenschaftlichen Ansatz zu verabschieden, und der Freiheit und der Kreativität meiner Gedanken des Vorzug zu geben.

Als Juristin sind mir v.a. die Quantenkryptografie, also die quantenphysikalische Verschlüsselung und der Quantencomputer ins Auge gestochen, weil ich die Verbindung zu Jus und Quantenphysik im Datenschutz gesehen habe, und nun einen Einstieg entdeckt habe, um mich dieser Verbindung näher zu widmen.

Allerdings gibt es noch zahlreiche andere Rechtsgebiete, auch EU-Regelungen, die sich dafür eignen. Es wurde mit den Jahren also eine spannende Entdeckungsreise auf der Suche nach den gesellschaftlichen und rechtlichen Auswirkungen von den beiden genannten Quantentechnologien.

DER ANFANG VOR VIELEN JAHREN

Zunächst ist die Schwierigkeit aufgetreten, dass ich mir überlegen musste, welche möglichen Folgen die von mir ausgewählten Quantentechnologien haben könnten. Und während dieses Prozesses habe ich mir gedacht, im

Grunde müssten diese Aufgabe eigentlich Quantenphysiker und Quantenphysikerinnen übernehmen, da sie mitten in der Materie stehen, und einen ganz anderen Zugang haben wie ich als Juristin, die sich intensiv mit Quantenphysik beschäftigt hat. Ich fühlte mich ganz eindeutig als Außenstehende. Allerdings wurden diese Bedenken durch das Gespräch mit einem Quantenphysiker an der Universität Wien etwas abgeschwächt, da er kein Problem gesehen hat, dass ich als Juristin meinen Fokus durch die Auseinandersetzung mit Quantenphysik auch auf die gesellschaftlichen Folgen der praktischen Anwendungen von Quantenphysik gelegt habe.
Dennoch habe ich natürlich auf die Einschätzung von (möglichen) Folgen von quantenphysikalischen
Anwendungen wie Quantenkryptografie und Quantencomputer auf die Einschätzung von ExpertInnen zurückgreifen müssen. Also schließt sich der Kreis wieder, und die Zusammenarbeit und der Austausch mit Quantenphysiker und Quantenphysikerinnen ist unverzichtbar.

RECHTSPHILOSOPHISCHE GRUNDLAGEN, UND UNTERSCHEIDUNG ZWISCHEN NATURWISSENSCHAFT UND RECHTSWISSENSCHAFTEN

Doch bevor ich meine Inhalte präsentiere, ist es als Einstieg in die Verbindung von Recht und der Naturwissenschaft Physik interessant den Autor meines Skriptums über die Einführung in die Rechtswissenschaften im 3.Teil der Rechtsphilosophie zu Wort kommen zu lassen. Dieses Skriptum gibt es in dieser Form nicht mehr, da längst eine andere Professorin prüft. Aber ich habe es in den fast 3 Jahrzehnten nach dem Beginn meines Jus Studiums noch aufbewahrt, die Inhalte in den neuesten Skripten über die Einführung in die Rechtsphilosophie sind weitgehend gleichgeblieben.

Zunächst beginnt der Autor auf Seite 3, also ziemlich am Anfang unter Punkt aa Rechtsgesetze und Naturgesetz die Unterscheidung dieser beiden Arten von Gesetzen zu beschreiben:" Naturgesetze suchen die Welt des Seienden in ihrer Ordnung zu erfassen. Wir denken uns dabei die Natur als von Gesetzen bestimmt, die schlechthin gelten, unabhängig von unserem Dazutun bestehen und von uns bloß mehr oder weniger deutlich erkannt werden. Im Gegensatz dazu handelt es sich beim Recht um Sollens Normen, die die Anforderung enthalten, menschliches Verhalten in der Gesellschaft zu

ordnen. Sie haben zum Ausgangspunkt den
menschlichen Willen, wenden sich an den
Menschen als verantwortliche Person mit dem
Anspruch von ihm beachtet zu werden und nehmen
eine Zurechnung von Handlung und Rechtsfolgen
vor."
Auf Seite 65 des rechtsphilosophischen Teils
schreibt der Autor über das Naturrecht unter
Punkt a mit der Überschrift:" Der teleologische
Naturbegriff des griechisch-römischen bzw. des
christlich-mittelalterlichen
Naturrechtsdenkens. In diesen Denktraditionen
bestehen trotz gewichtiger Unterschiede im
Hinblick auf den Naturbegriff des Naturrechts
sehr wesentliche Gemeinsamkeiten: Natur gilt
ihnen-im Unterschied zu unserem, von den
Naturwissenschaften entscheidend geprägten
Naturverständnis-als Inbegriff einer
hierarchisch gestuften, von den Zwecken
bewegten Ordnung, die, so die mittelalterliche
Vorstellung, von Gott geschaffen und durch ihn
vernünftig gegliedert wurde. In dieser
vorgegebenen Ordnung der Schöpfung ist jedem
Seienden gemäß seinem Wesen, der ihm zukommende
Platz zugewiesen. Jedes Seiende ist dazu
bestimmt, seine spezifische Vollkommenheit, dh.
sein vorbestimmtes Wesen zu verwirklichen. Man
spricht daher von einem teleologischen
Naturbegriff (Telos= Ziel), weil es sich um das
Konzept einer auf ursprüngliche Weise
zielgerichteten Ordnung der Wirklichkeit
handelt. Auch der Mensch ist Teil dieser
zweckgerichteten Ordnung der Natur(...) Auch
die grundlegenden Prinzipien des Rechts sind in
dieser Ordnung der Natur zweckhaft vorgegeben.
Aufgabe der Menschen ist es, diese

Naturrechtsprinzipien zu erkennen und sie durch positive Rechtssetzung in Hinblick auf die konkreten Erfordernisse des Rechtslebens näher zu bestimmen.

Unter Punkt b mit der Überschrift:" Das rationalistische Naturrecht der Neuzeit als Vernunftrecht" leitet nun über zu dem Einfluss der modernen Naturwissenschaften auf das Naturrechtsdenken bzw. der inhaltlichen Ausgestaltung dieses Naturrechtsdenkens, das sich dadurch radikal und fundamental änderte. Der Autor erläutert: " Im Zuge der neuzeitlichen Entwicklung geriet das teleologische Naturrechtsdenken in eine Krise. Es war fortan nicht mehr möglich, das Recht auf Wesenselemente einer teleologisch verstandenen Naturordnung zu gründen. Die Gründe dafür sind vielschichtig. Neben politisch-gesellschaftlichen Faktoren (Abbau der religiös-politischen Einheitswelt des Mittelalters, Reformation, konfessionelle Bürgerkriege uam) kommt es auch zur Entfaltung eines geänderten Naturverständnisses, das sehr entscheidend durch die neuzeitlichen Naturwissenschaften geprägt wurde. In den neuzeitlichen Naturwissenschaften wird Natur nicht mehr als teleologisch vorstrukturierte Ordnung, sondern als wertfreier, mathematisch beschreibbarer Kausalzusammenhang bewegter Materie gedeutet. Sie wird also verstanden als Inbegriff von Gegenständen, die empirisch erfahren, nach Maß, Zahl, Gewicht analysiert und im Zeichen technischen Verfügungswissens mechanisch getrennt bzw. verbunden werden können. Für das Rechtsdenken hat dies wichtige

10

Konsequenzen. Es folgt nämlich daraus, daß aus diesem Naturverständnis keine vorgegebenen Rechtszwecke abgeleitet werden können. Aus dem Faktum naturgesetzlicher Abläufe läßt sich kein rechtliches Sollen ableiten." Der neue Bezugspunkt wurde nun der Mensch in seiner Eigenschaft als freies, vernünftiges Individuum.

An diesen beschriebenen Entwicklungen und Einflüssen wird deutlich, dass wissenschaftliche Veränderungen eine sehr große Wirkung auf andere gesellschaftliche Bereiche haben können. In diesem Fall wirkt die moderne Naturwissenschaft direkt in das Naturrechtsdenken hinein, abgesehen von den grundsätzlichen Veränderungen der modernen Naturwissenschaften, die ein industrialisiertes und besonders ein immer stärker hochtechnisiertes, gesellschaftliches Leben gebracht haben.
Der Schnittpunkt von Recht und Physik ist jedoch eher auf der Ebene von gesellschaftlichen Folgen der Anwendung neuer Technologien wie der Quantenkryptografie oder dem Quantencomputer zu sehen, und nicht so sehr in rein inhaltlichen Ansätzen von wissenschaftlichen Grundsätzen oder Weltbildern.
Doch ich möchte auf jeden Fall in diesem Buch gegen die doch von vielen PhysikerInnen in zahlreichen Gesprächen und Kontakten bewertete große Distanz von Recht und Physik als Wissenschaften, die da keinerlei inhaltliche gemeinsame wissenschaftliche Fragen und wissenschaftliche Zusammenarbeit scheinbar

sehen, antreten. Ich meine hingegen der
Blickwinkel müsste ein anderer sein, es müssten
die möglichen Folgen möglicher Anwendungen
immer auch im Fokus der forschenden
PhysikerInnen stehen und dadurch ergibt sich
automatisch die Verbindung zum Recht und den
Gesetzen.
Für viele ForscherInnen, auch für PhysikerInnen
ist die Freiheit der Forschung ein ganz
wichtiges Element der Forschung, doch gerade
auch diese Forschungsfreiheit ist geregelt in
dem internationalen Pakt über wirtschaftliche,
soziale und kulturelle Menschenrechte in
Artikel 15 Ziffer 3, der besagt, dass die
Vertragsstaaten sich verpflichten, „die zu
wissenschaftlicher Forschung und schöpferischer
Tätigkeit unerläßliche Freiheit zu achten".
Hiermit verhilft das Recht der Forschung zu
ihrer notwendigen Freiheit, auf die sich im
Prinzip jeder Wissenschaftler und jede
Wissenschaftlerin berufen kann.

Hinzufügen muss man an dieser Stelle, dass in
den Rechtswissenschaften unterschieden wird
zwischen positiven Recht und dem Naturrecht,
während ersteres nicht nach Kriterien von Sitte
oder Gerechtigkeit bestimmt, sondern
ausschließlich aufgrund der Art der
Rechtssetzung, basiert das Naturrecht im
Gegensatz dazu eben gerade auf sittlichen
Grundsätzen allgemein verbindlicher
Gerechtigkeit, d.h. der Inhalt der Normen ist
die entscheidende Anforderung an das Recht. Im
positiven Recht zählt wie Recht gebildet wird,
unter anderem wesentlich durch Gesetze. Die
Effektivität des Rechts und der

Rechtsetzungsprozess sind relevant als Anforderungen an das Recht, auch wird es durch Zwang durchgesetzt. Auf Seite 5 des rechtsphilosophischen Skriptums schreibt der Autor, dass" das Zwangsmoment am Recht darf aber nicht überbetont werden. Im Vordergrund steht ohne Zweifel das Ziel, die Normadressaten zu einem bestimmten Verhalten zu veranlassen, das primär auf Grund freiwilliger Befolgung und nicht aus Furcht vor der Sanktion geleistet wird. Zwang ist im Recht kein Selbstzweck, sondern bloß Mittel zum Zweck."
Wichtig an dieser Stelle ist noch zu erwähnen, dass das Naturrecht in der Gegenwart v.a. als Inhalt und zum Thema die Menschenrechte hat, und in dieser Hinsicht kritisch zum positiven Recht steht. Man könnte auch schlussfolgern, dass sowohl das positive Recht als auch das Naturrecht seinen berechtigten Platz haben, und diesen auch erstrittenen haben durch ihre verschiedenen VertreterInnen in Laufe der Geschichte der Rechtswissenschaften.

In den Rechtswissenschaften sind zudem, und darauf werde ich an einer späteren Stelle in dieser Arbeit noch genauer eingehen, die Thematik und die Unterscheidung zwischen dem Sollen, also den Rechtsvorschriften und Rechtsnormen für menschliches Verhalten, und dem Sein, den tatsächlichen Lebensverhältnissen und Lebensrealitäten von Menschen, viel diskutiert.
Wobei es umstritten ist, worin die Berechtigung für das Sollen, also die Rechtsnorm, die das menschliche Verhalten regelt, liegt.

Während die Naturrechtslehre einen anderen
Ansatz verfolgt, wie die Vernunft des Menschen
als Maßstab für Rechtsnormen, sieht das
positive Recht nach Kelsen den Ausgangspunkt
für das Sollen in einer Grundnorm, auf die der
gesamte Rechtsetzungsprozess gegründet wird.
Letztendlich muss man aber feststellen aus
einer praktischen Sicht, dass ein reines
Sollen selbst mit Sanktionen für sich noch
keine Rechtsnorm darstellt, denn auch in der
Medizin werden ständig Verhaltensregeln
aufgestellt, wie Menschen sich verhalten
sollen, um gesund zu bleiben oder gesund zu
werden. Wir kennen alle die deutlichen Hinweise
von MedizinerInnen und ErnährungsexpertInnen,
was wir essen sollten, damit wir unserer
Gesundheit nicht schaden. Am Beispiel des
Rauchens kann man nachvollziehen, wie eine
Rechtsnorm oder ein Gesetz entstehen kann.
Rauchen gilt auch als sehr ungesund, aber es
gibt kein generelles Rauchverbot, sondern nur
einzelne Gesetze, die genau vorschreiben, wann
und wo Rauchen verboten ist, z.B. in
öffentlichen Einrichtungen, in öffentlichen
Verkehrsmitteln, etc. Manche fühlen sich
dadurch zwar bevormundet, befolgt werden diese
Gesetze dennoch. Meines Erachtens ist das
entscheidende Kriterium, nicht das Sollen für
die Rechtsordnung, sondern, dass diese durch
ein Gesetz geregelt wird. Zunächst kommt eine
Regierungsvorlage ins Parlament, und dort
entscheiden die Parteien, ob diese
Regierungsvorlage für ein einfaches Gesetz oder
ein Verfassungsgesetz die jeweils nötige
Mehrheit bekommt. Letztendlich also liegt es
bei der Einigung von politischen Parteien, die

14

in den Nationalrat gewählt wurden, welches
Verhalten von Menschen wie geregelt werden soll
in Form von Gesetzen. Und genau diese Form ist
wesentlich, dass ein Sollen auch als
Rechtsvorschrift gilt, und beachtet wird. Denn
ein Sollen, dass nicht im Gesetz steht, oder
nicht in die Form des Gesetzes gegossen wird,
ist keine Rechtsnorm. Meine Interpretation
spricht also sehr für das positive Recht, da
der Akt der Rechtssetzung mir als fundamental
erscheint für dieses Sollen, das rechtliche
Sollen.
Doch auch das Naturrecht kommt in unserem
Rechtssystem zur Geltung, denn wenn Gesetze
verabschiedet werden im Parlament, deren Inhalt
von der Opposition, von NGOs oder anderen
Menschen als gleichheitswidrig eingestuft
werden, also als inhaltliche Verstöße gegen
Menschenrechte bewertet werden, die bei uns in
der Verfassung stehen, gibt es die Möglichkeit
das Gesetz vor dem Verfassungsgerichtshof
anzufechten. Das geschieht auch manchmal, auch
mit Erfolg.

Diese strenge begriffliche Unterscheidung
zwischen Sollen und Sein, kann realistischer
Weise nicht durchgehalten werden, da dieses
Sollen immer auch auf das Sein bezogen ist,
oder sich aus diesem sogar herleitet, seinen
Ursprung dort hat. Geregelt wird in einer
Rechtsordnung also das, was sein sollte, oder
noch genauer was idealerweise sein sollte. Das
Gesetz spiegelt auch gesellschaftliche
Idealvorstellungen ab, wie Menschen sich ein
friedliches, harmonisches Zusammenleben von
Menschen vorstellen, ohne dass es

Unterdrückung, Ausbeutung, Benachteiligung oder
Gewalt an anderen gibt.
Die entscheidende Unterscheidung zwischen den
Naturwissenschaften und den
Rechtswissenschaften wird in dem 1. Teil meines
Skriptums zur Einführung in die
Rechtswissenschaften genau in dieser Diskrepanz
zwischen Sein und Sollen gesehen. Während die
Rechtswissenschaften als Gegenstand das Sollen
haben, sieht der Autor dieses Teils des
Skriptums das Sein als das zentrale
Charakteristikum der Naturwissenschaft, diese
erforscht nicht, was sein soll, sondern, was
wirklich, tatsächlich ist, wie Naturvorgänge
ablaufen. Ich finde, das ist ein sehr
spannendes Thema, und sollte auch kontrovers
diskutiert werden.
Denn, was wirklich ist, auch das ist, gerade
wie uns die Quantenphysik zeigt, eigentlich gar
nicht so eindeutig, und durchaus auch
rätselhaft, so klar kann man also das Sein gar
nicht erfassen. Das sollte auch zu denken
geben.
Dieser kurz umrissene Einblick in grundlegende
rechtsphilosophische Themen, soll überleiten in
meine nun kommenden inhaltlichen Ausführungen.

TEIL I
ÜBERBLICK und EINLEITUNG

Um die Tragweite und die gesellschaftlichen Auswirkungen der Quantentechnologien näher zu beleuchten, ist es erforderlich zunächst die Wurzeln der Entstehung dieser Technologien anzuführen: Die bisherigen Erkenntnisse der Quantenphysik, die ihren Ausgangspunkt am Beginn des 20.Jahrhunderts um 1900 durch Max Planck nahmen, der auch den Begriff des Quants einführte, unterscheiden sich fundamental von den Naturgesetzen der klassischen Physik, die wir in unserer Alltagsrealität direkt wahrnehmen und beobachten können und auch alle technischen "Errungenschaften", die auf den Gesetzen der Mechanik, Thermodynamik und Elektrodynamik basieren, wurden durch die Anwendungen der klassischen Physik entwickelt. Am Ende des 19. Jahrhunderts waren die Physiker überzeugt mit Mechanik, Elektrodynamik, Thermodynamik und Optik alle Naturvorgänge beschreiben zu können. Doch es gab noch ein Phänomen, das nicht durch die bekannten vorhin genannten Naturgesetze beschreibbar war, und das war die Energie bzw. das Strahlungsspektrum, das schwarze(heiße) Körper abstrahlen. Und gerade die Lösung führte zu einer Revolution in der Physik. Max Planck entdeckte, dass Energie nur mit bestimmten

nicht mehr teilbaren Paketen emittiert wird, er
nannte sie Quanten. Max Planck änderte eine
„Kleinigkeit" an einer Formel, am Wienschen
Strahlungsgesetz, und damit konnte man das
beobachtete Phänomen beschreiben, auch wenn
zunächst weder er noch andere Physiker sich
diese Änderung erklären konnten. Bis heute
bezeichnen Physiker die Quantenphysik als ein
Rätsel, weil die Experimente an den
quantenphysikalischen Phänomenen noch eine
Reihe weiterer neuartiger und ungewöhnlicher
Erkenntnisse lieferten, z. B.: den Dualismus
von Teilchen und Welle, ein Quantenzustand kann
als Teilchen oder als Welle auftreten je nach
Art des Experiments bzw. der Beobachtung, aber
es soll auch schon möglich sein, Teilchen und
Welle in einem Experiment sichtbar zu machen.
Der Vorstoß der physikalischen Forschung in
immer kleinere Welten, die unserer menschlichen
Sinneswahrnehmung nicht mehr zugänglich sind,
und wo nur noch sogenannte Quantenzustände
existieren, die durch Zufall,
Wahrscheinlichkeiten, Unbestimmtheit und der
Überlagerung von Möglichkeiten charakterisiert
sind, führte letztendlich durch
jahrzehntelanges Experimentieren, das zunächst
philosophisch motiviert war, zu der Entwicklung
neuer und zukünftiger Technologien. Man kann
sie als Quantentechnologien bezeichnen, weil
sie auf der Umsetzung und auf dem Ziel der
Umsetzung der Theorien der Quantenphysik in
praktische, technische Anwendungen beruhen.
Transistoren, Laser, Kernspintomografie,
Supraleitung und Halbleiter sind Technologien,
die auf Grundlage der Quantenphysik entwickelt
wurden, und die bereits in verschiedenen

Anwendungsbereichen von Medizin, Militär,
Industrie, Mikroelektronik (z. B.:
Mobiltelefon, TV, Autos, DVDs, Computer etc.)
Forschung, Kunst und alternative
Energieversorgung (Solarenergie) genutzt
werden, die aber noch Potenzial zu weiteren
Anwendungen bzw. zur Weiterentwicklung haben.
Quantencomputer, Quantenkryptografie und
Quantenteleportation hingegen - die auch unter
dem Begriff Quanteninformation oder
Quantenkommunikation zusammengefasst werden -
sind Technologien, die erst im Entstehen sind.

Ich habe nun einige Fragen entwickelt, die ich
im Laufe der Arbeit auch versuche zu
beantworten:

**Welche dieser Quantentechnologien könnten bei
neuen, zukünftigen Anwendungen in bestimmten
gesellschaftlichen Lebensbereichen bedeutende
Veränderungen bewirken?**

1.Beispielsweise könnte Supraleitung in der
verlustfreien bzw. widerstandsfreien
Stromleitung oder der Stromspeicherung
eingesetzt werden. Sind diese genannten
zukünftigen technischen Möglichkeiten dazu
geeignet, das Verbraucherinnern und Verbraucher
Energie effizienter und energiesparender nutzen
können und könnte ein größerer Energiebedarf
damit gedeckt werden?

2. Die Quantenkryptografie verspricht ein
abhörsicheres System: Man kann kein

Quantensystem abhören, ohne es zu beeinflussen, ohne es zu stören, zufolge der Theorie können dadurch Abhörversuche nicht unentdeckt bleiben. Jene Verschlüsselungssysteme, die bisher entwickelt wurden - und die noch keinem breiten Markt zur Verfügung stehen, häufig wird die Software von Forscherinnen und Forschern verwendet - wurden aber von einigen Forschungsteams auf ihre Sicherheit getestet, mit einem negativen Ergebnis. Das bedeutet, es ist möglich das System abzuhören, ohne dass es auffällt.

Aufgrund dieser unerwarteten Entwicklung versuchen die Forscherinnen und Forscher die Diskrepanz zwischen Theorie und Praxis aufzuheben, in dem sie ihre Methoden und Systeme verbessern. Sie sind weiterhin überzeugt, dass die Theorie der Abhörsicherheit verwirklichbar ist. Dies war die Situation nach meinen Recherchen noch im Jahr 2012. Doch laut dem Quantenphysiker Harald Weinfurter wurden diese erfolgreichen Abhörversuche bis heute durch verbesserte Geräte der Quantenkryptografie beendet, d.h. die verbesserten Geräte sind doch abhörsicher, stellt er fest. Es liegt also an den Geräten, d.h. der Umsetzung der Theorie in die Praxis. Zu einem späteren Zeitpunkt werde ich aber auch genauer beschreiben, dass es durchaus auch an dem Forschungsansatz in der Quantenkryptografie liegt, wie abhörsicher diese ist. Ob beispielsweise mit einzelnen Photonen oder mit verschränkten Photonen geforscht wird.

Die Firma IdQuantique.com ist eine Spin-off Firma, der seit Langem und auch derzeit sicher

besten Gruppe an der Universität Genf. Sie
vertreibt seit Langem Geräte mit
Quantenkryptografie.

Anton Zeilinger erklärt: Allerdings entfällt
ein wichtiges Sicherheitsproblem existierender
Methoden: Aufgrund der Möglichkeiten der
Quantenphysik kann der Schlüssel an beiden
Orten gleichzeitig erzeugt werden, dieser muss
nicht von einem Ort zum anderen transportiert
werden.

2a) Sollte es tatsächlich gelingen, ein
abhörsicheres System zu entwickeln, was laut
Aussagen der Experten auf dem Gebiet der
Quantenkryptografie bereits gelungen ist, würde
dieses die gegenwärtigen Probleme mit der nicht
möglichen völligen sicheren Übertragung von
Daten lösen können?
Und was würde eine solche mögliche Entwicklung
für das Datenschutzgesetz bedeutet?

3. Da die Tendenz zur Miniaturisierung in der
Elektronik weitergeht – davon gehen viele
ForscherInnen aus – wird irgendwann die
kleinste Ebene erreicht sein, und Information
nur noch durch Quanten (wo also auch die
Wellennatur des Elektrons eine Rolle spielt)
übertragen werden kann.
Dann würde die Stunde des Quantencomputers
schlagen.
Auf der theoretischen Ebene –
quantenphysikalisch und mathematisch – ist der
Bau von Quantencomputern verwirklichbar.
Gegenstand der Forschung sind also
hauptsächlich die technische Umsetzung, die

bisher erst mit kleinen Kapazitäten gelungen ist.

Beim klassischen Computer arbeitet man mit Bits für die Kommunikation und Übertragung von Information, hingegen beim Quantencomputer mit Quantenbits und während das klassische Bit nur den Wert 1 ODER 0 annehmen kann, kann das Quantenbit den Wert 0 UND 1 annehmen, und existiert in einer Überlagerung von 0 und 1, was ganz andere Möglichkeiten der Informationsübertragung eröffnet.

Theoretisch wird also von einem Quantencomputer viel erwartet. Heutige kommerziell genutzten Verschlüsselungssysteme beruhen auf der Schwierigkeit der Zerlegung großer Zahlen in ihre Primfaktoren, um sichere Codes zu produzieren, praktisch ist es nicht möglich große Zahlen in Primfaktoren zu zerlegen, es würde unvorstellbar lange dauern, ein Quantencomputer würde diese Codes schnell und einfach knacken. Für die Datensicherheit hätte das grundlegende katastrophale Auswirkungen. Aber die Quantenphysik kann eben auch die vorhin erwähnte abhörsichere Verschlüsselungsmethode liefern. Das bedeutet, dass die Entwicklung des Quantencomputers auch entscheidend ist für die Quantenkryptografie, beide Technologien haben sehr ähnliche quantenphysikalische Grundlagen.

Nämlich das Prinzip der sogenannten Verschränkung: Teilchen, die einmal miteinander verbunden waren, bleiben das auch dann, wenn sie getrennt werden, unabhängig von der räumlichen Distanz. Es bleibt ein Quantensystem, und das bedeutet, wenn bei einem Teilchen eine Messung durchgeführt wird, wirkt sich diese automatisch und instantan auf das andere räumlich getrennte Teilchen in der Form aus, dass man sofort weiß, welche Eigenschaften das andere Teilchen aufweist auch ohne Messung. Denn die Besonderheit der Quantenphysik im Gegensatz zur klassischen Physik und damit zu unseren Alltagserfahrungen besteht darin, dass Teilchen bzw. Quantensysteme vor einer Beobachtung, meist Messung, keine bestimmten Eigenschaften zeigen, sondern in einer Überlagerung von möglichen Eigenschaften vorkommen. Erst die Messung oder Beobachtung führt zu einem bestimmten Verhalten oder einer bestimmten Eigenschaft, die gemessen wird. Doch warum dies so ist, und v.a. wie diese Naturvorgänge in der Quantenwelt erklärbar sind, ist Ausgangspunkt vieler philosophischer Überlegungen und unterschiedlicher Interpretationen seit ihrer Entdeckung. Die Frage nach der Wirklichkeit ist so eine der brennenden Fragen, die die beschriebenen Besonderheiten der Quantenphysik aufwerfen lassen. Damit haben sich schon damals berühmte Physiker beschäftigt wie Albert Einstein, Niels Bohr, Erwin Schrödinger oder Werner Heisenberg.

Zudem würde ein Quantencomputer grundsätzlich Rechenvorgänge viel schneller als der klassische Computer ausführen können, weil er mehrere Vorgänge (Informationsinhalte) parallel bearbeiten könnte. Ebenso kann er auch gemeinsame Eigenschaften verschiedener Inputs herausfiltern. All dies ist aber noch Zukunftsmusik, dennoch wird an dem Bau eines Quantencomputers weltweit intensiv in den Physiklabors gearbeitet, und man kann sich über

23

mögliche Auswirkungen einer solchen neuen
Technologie schon gegenwärtig Gedanken machen:

3a) Wird der klassische Computer eines Tages
zur Gänze vom Quantencomputer abgelöst werden
können? Hat der Quantencomputer das Potenzial
Prozesse im Arbeitsleben, wo heute schon
Computer im Einsatz sind, zu beschleunigen,
effizienter und kostengünstiger zu machen?

3b) Welche Folgen hätte der Einsatz des
Quantencomputers in der Finanzwelt? Ein
Großteil des Börsenhandels weltweit wird
bereits mit Computerprogrammen abgewickelt,
diese Praxis wird als Hochfrequenzhandel
bezeichnet. Computersysteme analysieren und
handeln Finanzprodukte in Bruchteilen von
Sekunden. Das Ziel der Finanzbranche sind
Programme, die noch effizienter und schneller
sind, dafür würde sich der Quantencomputer
anbieten, doch mit welchen Folgen? Experten
warnen heute schon, dass computergesteuerter
Börsenhandel das Crashszenario an den Börsen
beschleunigen kann. Auf EU-Ebene gibt es seit
Frühling 2014 eine Richtlinie über Märkte für
Finanzinstrumente, darin wird auch der
Hochfrequenzhandel reguliert.
Ist diese Richtlinie auch geeignet zur
Anwendung auf neue Technologien wie den
Quantencomputer?

3c) Wäre denn der Quantencomputer nicht eine
gefährliche und unerwünschte Technologie, da
sie herkömmliche Verschlüsselungscodes so
einfach knacken kann?

24

Da die Quantenphysik eine revolutionäre Wende in der Physik gebracht hat, und folglich auch die Möglichkeiten der Quantenphysik in der Umsetzung in praktisch technische Anwendungen andere sind als jene der klassischen Physik, sprechen viele Quantenphysiker und Quantenphysikerinnen schon heute vom Quantenzeitalter.
Aufgrund dessen habe ich mich in meinen inhaltlichen Ausführungen auf jene Quantentechnologien konzentriert, die meines Wissens ein größeres gesellschaftliches Veränderungspotenzial versprechen.
Mein Schwerpunkt aus rechtswissenschaftlicher Perspektive liegt bei den neuen Informationstechnologien der Quantenkryptografie und dem Quantencomputer, hauptsächlich könnte sich ein Bedarf für neue, erweiterte oder veränderte gesetzliche Regelungen ergeben, die die Datensicherheit und den Datenschutz betreffen.

Ich habe mich für die Methode der
Szenario Gestaltung entschieden, um meine aufgeworfenen Fragestellungen, die zukunftsweisend sind, beantworten zu können, und habe dafür verschiedene Zukunftssituationen entwickelt:

Szenario 1:

Die entwickelten quantenkryptografischen Verschlüsselungssysteme werden-wie schon länger vorhergesagt-auf einem breiten Markt zur Anwendung kommen.

Szenario 2:

Es gelingt den Forscherinnen und Forschern
einen Quantencomputer mit solchen Kapazitäten
zu bauen, der bisherige klassische
Verschlüsselungssysteme, die auf der
Schwierigkeit der Zerlegung großer Zahlen in
ihre Primfaktoren basieren, schnell und leicht
knacken kann. Gleichzeitig kommt es aber zu
keiner breiten Anwendung von
Quantenkryptografie.

Szenario 3:

Die entwickelten Quantencomputer erreichen
Rechenkapazitäten, die mindestens jenen der
heutigen klassischen Computer entsprechen oder
sogar weit darüber hinaus gehen.
Im Prinzip kann dieser Quantencomputer den
klassischen Computer ersetzen.
Betrachtet wird der Einsatz eines solchen
Quantencomputers in jenen Arbeitsprozessen und
Lebensbereichen, wo man schon bisher Computer
eingesetzt hat, (z.B.: digitaler Stromzähler,
selbstfahrende Autos) und in der Finanzwelt
beim computergesteuerten Börsenhandel, dem
Hochfrequenzhandel. In einer EU-Richtlinie wird
dieser geregelt. In diesem Zusammenhang wird
die Frage erörtert, ob und ab wann die neue
Technologie des Quantencomputers in diese
Regelung miteinbezogen werden sollte.

Szenario 4:

Die Anwendung der Quantentechnologie der
Supraleitung wird für die Stromleitung genutzt.
Im Gegensatz zu den gegenwärtigen technischen
Möglichkeiten durch die, laut Schätzungen 15%
der Leistung durch den Leistungswiderstand
verloren gehen, ermöglicht die Supraleitung
eine widerstandsfreie bzw. verlustfreie
Stromleitung.

Aufgedrängt hat sich aufgrund meines Wissens
auch die philosophische Auseinandersetzung mit
der Problematik der Diskrepanz von Theorie und
Praxis bei der Quantenkryptografie, die
eigentlich die Verwirklichung eines Ideals der
(totalen) Abhörsicherheit verspricht. Es ist
interessant, dies kritisch zu hinterfragen.

Hier nun als Einleitung ein kurzer Exkurs in die Wissenschaftstheorie und die Fragen nach der Wirklichkeit:

In der Wissenschaftsgeschichte haben sich
ForscherInnen auseinandergesetzt mit der
Entwicklung von Wissenschaft, und wie es zu
wissenschaftlichen Erkenntnissen gekommen ist.
In der Disziplin der Wissenschaftstheorie gab
es verschiedene Ansätze und Erklärungsversuche,
was als wissenschaftlich gelten kann und als
Quelle für wissenschaftliche Erkenntnisse
genutzt werden kann. Zunächst wurden die

Wahrnehmung und die Beobachtung als Wege gewählt, um zu wissenschaftlichen Aussagen zu kommen. Den Schwerpunkt der Theorie als Quelle wissenschaftlicher Erkenntnis und die Wichtigkeit des Experiments stellen andere Wissenschaftstheorien in den Vordergrund.
Der Astrophysiker Stephen Hawking wurde oft kritisiert von Wissenschaftstheoretikern für seine Sicht über die Bedeutung von Theorien im Zusammenhang mit der Wirklichkeit. Hawking schreibt in dem Buch mit dem Titel Einsteins Traum: "Es ist in der Wissenschaftstheorie schwierig, Realist zu sein-also die Auffassung zu vertreten, dass die Wirklichkeit unabhängig von unserer Erfahrung existiert - denn, das, was wir für wirklich halten, ist den Bedingungen der Theorie unterworfen, an der wir uns jeweils orientieren(...) Eine Theorie ist eine gute Theorie, wenn sie ein elegantes Modell ist, wenn sie eine umfassende Klasse von Beobachtungen beschreibt und wenn sie die Ergebnisse weiterer Beobachtungen vorhersagt. Darüber hinaus hat es keinen Sinn zu fragen, ob sie mit der Wirklichkeit übereinstimmt, weil wir nicht wissen, welche Wirklichkeit gemeint ist. Es hat keinen Zweck sich auf die Wirklichkeit zu berufen, weil wir kein modellunabhängiges Konzept der Wirklichkeit besitzen." Für diese Auffassung wurde Hawking von Wissenschaftstheoretikern als überholt kritisiert. Er selbst hingegen fühlte sich von diesen verunglimpft, und hielt wenig von Wissenschaftstheoretikern.
Er schreibt in dem erwähnten Buch" Einsteins Traum" auf Seite 60, dass einige Philosophen der Naturwissenschaft sich nicht mit den

Besonderheiten der Quantenphysik abfinden
können:" Ihre Schwierigkeit kommt daher, dass
sie sich implizit an einem klassischen
Wirklichkeitsbegriff orientieren, in dem ein
Objekt nur eine einzige bestimmte Geschichte
hat. Die Besonderheit der Quantenmechanik liegt
darin, dass sie ein anderes Bild der
Wirklichkeit vermittelt. Danach hat ein Objekt
nicht nur eine einzige Geschichte, sondern alle
Geschichten, die möglich sind.
(...) Wie können wir wissen, was real ist, wenn
wir uns nicht an eine Theorie an ein Modell
halten, mit dem wir den Realitätsbegriff
interpretieren." Ich halte die von Stephen
Hawking beschriebene Sichtweise für nicht
überholt, denn die Quantenphysik stellt
anscheinend auch neue Denkanforderungen an die
philosophische Wissenschaft.
Auch Werner Heisenberg hat in seinem Buch: Der
Teil und das Ganze in einem Kapitel in einem
Gespräch mit Carl Friedrich von Weizsäcker und
Grete Hermann, einer Philosophin, über die
Kant`sche Philosophie der Kausalität, die nicht
in Einklang zu bringen ist mit der
Quantenmechanik, die nur vom Zufall bestimmt
wird, folgende Schlussfolgerung aus diesem
Gespräch gezogen: " Es wäre an dieser Stelle
sicher falsch, naturwissenschaftliches und
philosophisches Wissen mit dem Satz: Jede Zeit
hat ihre eigene Wahrheit aufweichen zu wollen.
Aber man muss sich doch gleichzeitig vor Augen
halten, dass sich mit der historischen
Entwicklung auch die Struktur des menschlichen
Denkens ändert. Der Fortschritt der
Wissenschaft vollzieht sich nicht nur dadurch,
dass uns neue Tatsachen bekannt und

verständlich werden, sondern auch dadurch, dass wir immer wieder neu lernen, was das Wort verstehen bedeuten kann." Philosophische Auseinandersetzungen von Physikern und Physikerinnen haben besonders mit der Entwicklung der Quantenmechanik an Brisanz gewonnen.

In einem späteren Kapitel beschäftige ich mich noch eingehender mit dem Fragen der Wirklichkeit und der Quantenphysik.
Die oben erwähnte Entstehung der Quantenphysik basierte auf einem Widerspruch zwischen einem physikalischen Gesetz und den Messungen, durch eine Korrektur eines bestimmten physikalischen Gesetzes durch Max Planck stimmte dieses wieder mit den Messungen überein. Doch der theoretische Rahmen der Quantenphysik wurde erst ab den 1920iger Jahren entwickelt durch wichtige Theoretiker wie Erwin Schrödinger mit der nach ihm benannten Schrödinger Gleichung, oder das Gesetz der Unschärferelation von Heisenberg, und die erst 1966 entwickelte Ungleichung von John Bell.

Zudem ist die Einbeziehung von Fachleuten, die auf dem Gebiet der Quantentechnologien forschen erforderlich, wenn spezielles quantenphysikalisches Wissen benötigt wird. Ich werde dem in Form von Zitaten aus Büchern von Quantenphysikern und Quantenphysikerinnen und/oder Zitaten aus Artikeln und Interviews und auch durch persönliche schriftliche und mündliche Kommunikation mit den Physikerinnen nachkommen.

TEIL II
NÄHERE AUSFÜHRUNGEN ZU DEN RECHTSWISSENSCHAFTLICHEN ANSÄTZEN:

Fragestellung: Welche positiven und/oder negativen Auswirkungen könnten die Quanteninformationstechnologien Quantenkryptografie und Quantencomputer im Alltagsleben, und auch in rechtlichen Regelungen bewirken?

Hans Peter Bull schreibt in dem Buch" Datenschutz, Informationsrecht und Rechtspolitik" einleitend über Informationsrecht: "Der Rechtsstoff des Informationsrechts stammt aus verschiedenen Epochen und Teilgebieten der Rechtsentwicklung. So finden sich allgemeine Verschwiegenheitspflichten und spezielle Geheimhaltungsgebote, Auskunftsrechte und-pflichten in Gesetzen und in Verträgen. Das älteste Datenschutz-Gebot ist wohl der Hippokratische Eid der Ärzte; die am weitesten ausgefeilten Informationsgesetze sind die allgemeinen und speziellen Datenschutzgesetze einiger Länder und die Informationszugangsgesetze. Irgendwo in dem breiten Spektrum des Informationsrechts liegen Urheberrechts- und Patentgesetze, Regeln über die Mitbestimmung der Arbeitnehmer bei der

Einführung von Bildschirmgeräten und
internationale Vereinbarungen über den "Free
Flow oft Data." Zivil- und strafrechtliche
Fragen ebenso wie verfassungs- und
verwaltungsrechtliche Überlegungen werden durch
die Einführung neuer Medien der Information und
Kommunikation und den Aufbau von
Informationszentren aufgeworfen; weltweite
Informationssysteme fordern sogar zu
völkerrechtlichen Erörterungen heraus", soweit
Hans Peter Bull, der damit einen kurzen aber
informativen Überblick über das
Informationsrecht gibt.

In dem Buch Sicherheitsrisiko
Informationstechnik von Günther Cyranek und
Kurt Bauknecht schreibt Carl August Zehnder in
seinem Beitrag über Datenschutz und seine
Konsequenzen für die Datensicherheit:"
Da Informationen in der menschlichen
Gesellschaft seit jeher eine wichtige Rolle
spielen, hat dies auch in unserem Recht seinen
Niederschlag gefunden, und zwar nicht erst seit
dem Einzug der Elektronik und der Informatik.
Wohlbekannt sind die jahrhundertelangen Kämpfe
um die Freiheit der Information (Redefreiheit,
Versammlungsfreiheit, Pressefreiheit und
Aufhebung der Zensur, Forschungsfreiheit usw.).
Traditionell existieren aber auch bestimmte
Schutzrechte gegen einen allzu freien Umgang
mit Information, so etwa der Schutz des
geistigen Eigentums (Urheberrechte,
Patentrechte, usw.), das Amtsgeheimnis und
einige alte Berufsgeheimnisse (Geistlicher,
Arzt, Anwalt, Bankier) und ein sehr allgemeiner
zivilrechtlicher Schutz gegen Verletzung der

Persönlichkeit (inkl. üble Nachrede). Erst
neueren Datums ist hingegen der Begriff
Datenschutz (dabei geht es übrigens nicht um
einen Schutz der Daten an sich, sondern um
einen Schutz vor Datenmissbrauch). All diese
Rechtsnormen zusammen bilden den Kern des
"Informationsrechts" mit dem Ziel,
Informationen einerseits grundsätzlich frei
zugänglich zu machen, andererseits aber die
Nutzung besonders wertvoller Information
(Kunst, Patente, usw.) zu schützen und
Informationsmissbräuche zu verhindern.
Besonders heikel bezgl. Missbräuche sind sog.
Personendaten. (= Daten über bestimmte,
identifizierbare Personen). An Personendaten
läßt sich aber auch besonders gut zeigen, wie
der Datenschutz nur einen Teilaspekt des
Informationsrechts vertritt, dem häufig andere
Rechtsansprüche entgegenstehen können. "

Der Wiener Rechtsanwalt Rainer Knyrim schreibt
in seinem Praxishandbuch über das
Datenschutzrecht im Kapitel 13 mit der
Überschrift Datenschutz und
Informationssicherheit: Informationssicherheit
hat den Schutz von Informationen jeglicher Art
und Herkunft zum Ziel, wobei sicher der Schutz
nicht nur auf elektronisch verfügbare Daten
beschränkt ist. Die wichtigsten Schutzziele der
Informationssicherheit sind Vertraulichkeit,
Integrität und Verfügbarkeit. Die Aufgaben des
Informationssicherheitsmanagers und des
Datenschutzbeauftragten überschneiden sich in
vielerlei Hinsicht. Ein wichtiges
Unterscheidungsmerkmal liegt darin, dass sich
Datenschutz ausschließlich mit

personenbezogenen Daten beschäftigt, während
sich Informationssicherheit um alle
schützenswerten Informationen in einer
Organisation kümmert.

Auffällt an diesen zitierten Aussagen über
Information und Daten, dass Information und
Daten miteinander in Verbindung gebracht
werden, obwohl unter dem Begriff Information
viel mehr zu verstehen ist als Daten, wobei nur
personenbezogene Daten von Bedeutung für das
Datenschutzgesetz sind.
Strenggenommen könnte man Information auch als
einen anderen Begriff definieren als Daten,
oder als einen Oberbegriff, zu dem auch der
Begriff Daten fällt. Andererseits sind Daten
eben auch Information, sie enthalten
Informationen über einen Menschen, man weiß
dann den Namen, die Adresse, etc. ist also
informiert über diesen Menschen, oder man
könnte auch sagen, man hat bestimmte
Informationen herausgefunden über einen
Menschen.
Wenn ich z.B. eine mail schreibe, und diese
mail verschlüsselt ist, dann will ich in erster
Linie, dass den Text nur die Person oder
Personen lesen, für die er bestimmt ist. Aber
in den Inhalten dieser mail sind Informationen
enthalten, doch nicht unbedingt immer
irgendwelche Daten oder personenbezogene Daten.
Vielleicht tauscht man sich nur über den
Wetterbericht aus, oder welche Bergtour man als
nächstes machen will, oder was man in den
vergangenen Tagen erlebt hat. Man informiert
andere über seine Erlebnisse und Vorhaben.
Wenn man nachschlägt, wie Information definiert

wird, findet man verschiedenen Definitionen,
etwa, dass Information die Teilmenge von Wissen
ist, der Transfer von Wissen, oder Information
ist Wissen in Aktion.
Auch der Begriff Daten wird in verschiedenen
Bereichen, auch in verschiedenen Wissenschaften
unterschiedlich verwendet. In den
Rechtswissenschaften wird der Begriff der Daten
in der neuen EU-Datenschutzgrundverordnung
genau definiert. Im Umgang mit dem Datenschutz
muss man wissen, was das Recht unter
personenbezogenen Daten und sensiblen Daten
versteht.
Beim Wetterbericht spricht man manchmal auch
von Wetterdaten. Wichtig für meine Arbeit ist
der Begriff der Daten und der Information in
der Naturwissenschaft Physik.
Quantenphysikerinnen und Quantenphysiker
sprechen davon, dass ein Teilchen Information
trägt oder dass es um den verschlüsselten
Austausch von Information geht bei der
Quantenkryptografie.
Daten und Information haben andere Bedeutungen
in der Physik als in den Rechtswissenschaften,
in der Physik haben Daten und Information
keinen direkten Bezug zum Menschen, sondern zur
Technik oder der Begriff der Information wird
als Beschreibung von Naturvorgängen verwendet.
In den Rechtswissenschaften, wie den
Datenschutzregelungen, sind ausschließlich
personenbezogene Daten der Inhalt im Gesetz, es
steht also der Mensch im Mittelpunkt.

DER DATENSCHUTZ UND DIE DATENSICHERHEIT IM ZUSAMMENHANG MIT DER QUANTENKRYPTOGRAFIE UND DEM QUANTENCOMPUTER:

Da die Quantenkryptografie eine abhörsichere
Kommunikation bzw. einen abhörsicheren
Informationsaustausch vorhersagt,
sollte diese technologische Möglichkeit für
Private als auch Unternehmen, Regierungen etc.
von großem Interesse sein. Doch gegenwärtig
gelten jene Verschlüsselungsmethoden, die auf
den Grundlagen der klassischen Physik
entwickelt wurden und ständig weiter verbessert
werden, als praktisch abhörsicher, weil der
Aufwand diese zu entschlüsseln enorm wäre. Aber
es ist eben theoretisch möglich diese zu
entschlüsseln.
Zahlreiche Unternehmen und Banken-aber auch
Privatpersonen-nutzen diese
Verschlüsselungstechniken, um einerseits ihren
KundInnen bei bestimmten Produkten eine sichere
Dienstleistung zur Verfügung zu stellen z.B.:
Banken beim online-banking oder der Pin-Code
bei der Bankomatkarte oder
Telekommunikationsunternehmen beim
Verschlüsseln der SIM -Karte. Andererseits gibt
es Privatperson, die ihre Kommunikation im
Internet verschlüsseln, um sicher zu gehen,
dass diese nicht von Personen gelesen werden,
für die sie nicht bestimmt sind.

Gerade der Mailverkehr im Internet ist leicht
zu hacken. Seit bekannt wurde durch den

Amerikaner Edward Snowden, der für den NSA(
National Security Agency) den amerikanischen
Geheimdienst als Systemadministrator gearbeitet
hat, und Zugang zu sämtlichen Vorgangsweisen
des NSA hatte, dass die USA weltweit die
Internetaktivitäten (E-Mail, Suchmaschinen,
Facebook, YouTube etc.) und Handykommunikation
abhören, in dem die NSA direkten oder
indirekten Zugriff - mit Erlaubnis oder ohne
Wissen von amerikanischen Firmen wie Google,
Microsoft - auf den Server dieser Firmen hat
und damit Zugang zu vielen Daten von Menschen
auf der ganzen Welt bekommen kann, die in
vielen Staaten dieser Erde unter Datenschutz
stehen, da wird spätestens klar, dass
Kommunikations- und Informationstechnologien
wie Internet oder Handy die Möglichkeiten der
Abhörbarkeit und damit eines nicht
unerheblichen Eingriffs in die Privatsphäre von
Menschen über alle nationalen Grenzen hinweg
möglich machen. Darüber hinaus werden viele
Daten im Internet und in diversen sozialen
Medien von den Firmen gesammelt, und Geschäfte
damit gemacht, ohne dass auf den Datenschutz
Rücksicht genommen wird.

Die ersten Firmen wollen bereits ihren
KundInnen Verschlüsselungssysteme anbieten, um
eine abhörsichere Kommunikation und
Informationsaustausch zu bieten. Die
Quantenkryptografie könnte in Zukunft also eine
noch sehr wichtige und begehrte Technologie
werden, besonders dann, wenn die herkömmlichen
Verschlüsselungsmethoden durch Hacker leichter
geknackt werden können?
Zumal in der Vergangenheit in den Medien

berichtet wurde, dass die NSA auch in der Lage
ist gängige und häufig benutzte
Verschlüsselungssysteme zu umgehen durch die
Zusammenarbeit mit Firmen, die solche Systeme
anbieten und verkaufen. Es wurden für die NSA
in der Software Schwachstellen eingebaut, um
die Verschlüsselung leichter zu knacken, man
kann über die Manipulation der Systemsoftware
Festplatten direkt mit Spionageprogrammen
infizieren. Es wurde eine Hackergruppe
enttarnt, die in den vergangenen mehr als 14
Jahren im großen Stil Regierungsstellen,
Forschungslabore und Unternehmen ausspioniert
hat, infiziert wurden 10000 Rechner in 30
Ländern. Ähnlichkeiten zur bekannten
Schadsoftware weisen jedoch auf ein
Nahverhältnis als Urheber der Hackerangriffe
auf den Geheimdienst NSA hin.
Anhand dieser Entwicklung wird deutlich, dass
nicht nur Unternehmen und Geheimdienste,
sondern sicherlich auch kriminelle
Organisationen Interesse haben, Zugriff zu
erhalten zu so vielen Daten wie möglich, auch
zu sensiblen Daten wie Gesundheitsdaten oder
dem Zahlungsverkehr. Anscheinend gibt es keine
Grenzen und keinen Respekt vor dem Datenschutz
jedes Menschen.
In dieser Hinsicht könnte wohl leider auch die
Quantenkryptografie keine Wunder bewirken.

In diesem Zusammenhang ist immer der Konflikt
zwischen berechtigter Geheimhaltung von
privaten Interessen und dem öffentlichen
Interesse an Daten und Informationen zu
beachten. Es gibt gerade in demokratischen
Gesellschaften das Recht auf Information und

Transparenz.
Besonders seit den Terroranschlägen am 11.
September 2001 in den USA wird nicht nur in den
USA, sondern auch in vielen europäischen
Staaten bzw. in der EU durch gesetzliche
Regelungen zur Verhinderung von
Terroranschlägen und dem Ausforschen von
Terrorverdächtigen laut machen Organisationen
und Kritikerinnen und Kritikern in die Grund-
und Freiheitsrechte der Bürgerinnen und Bürger
zu tief eingegriffen, stärker als nötig wäre.
Mittlerweile haben wir in Europa und auf der
ganzen Welt eine neue Terrorgefahr durch
islamistische Terroristen, die wiederum zu
gesetzlichen Änderungen geführt hat und führen
wird, die die Datensicherheit und den
Datenschutz betreffen.
Auch die Entwicklung eines Quantencomputers mit
Kapazitäten, die mindestens den heutigen
Computern entsprechen, hätte eine große Brisanz
bezüglich Datenschutz und Datensicherheit, da
ein solcher auf den Naturgesetzen der
Quantenphysik basierender Computer leicht und
schnell bestimmte bisher existierende
Verschlüsselungssysteme entschlüsseln könnte,
wie gesagt nur bestimmte, also nicht alle
entwickelten Systeme. Aber natürlich wäre es
möglich im Nachhinein auf diese Art,
verschlüsselte Daten zu knacken. Laut Wissen
von QuantenphysikerInnen haben gerade die
erwähnten Geheimdienste großes Interesse an der
beschriebenen Anwendung eines Quantencomputers.
Verschlüsselungsmethoden, die auf
Quantenkryptografie beruhen, kann der
Quantencomputer nicht entschlüsseln. Ein
weiterer wesentlicher Faktor, warum die

Quantenkryptografie in Zukunft eine sehr
wichtige neue Technologie werden könnte, die in
Gesellschaft und Wirtschaft bedeutende Dienste
vollbringen könnte.
Im P.M. Magazin vom Jänner 2017 steht in einem
Artikel mit dem Titel „Wie wirklich ist die
Wirklichkeit" über den Quantencomputer, dass
dieser in Zukunft die Datenmengen im Internet
ganz neu verwenden wird können:" So könnte man
zum Beispiel ein altes Foto seiner
Schulfreundin mit einer Bilderkennungssoftware
einscannen und sie mit aktuellem Bild in
Sekunden im Netz aufspüren. Blitzschnell würde
der Rechner dazu tausende Gesichtsmerkmale
analysieren und das Internet nach Fotos von
Personen durchsuchen, die eben diese Merkmale
aufweisen. Ein herkömmlicher Computer wäre
damit überfordert.
Dieses Beispiel demonstriert aber eben auch,
dass ein Quantencomputer, der auf diese Weise
eingesetzt wird, Datenschutzfragen aufwirft.
Wollen wir so leicht und schnell im Netz mit
Foto gesucht und gefunden werden?

Man weiß immer noch nicht genau, wann die
Gesetze der klassischen Physik aufhören und die
der Quantenphysik anfangen, gibt Gerhard Rempe
zu bedenken. Normalerweise gelten die
Quantengesetze nur bei mikroskopisch kleinen
Objekten. Nun bestehen aber Quantencomputer wie
klassische Rechner aus logischen Gattern. Wenn
man viele dieser Bausteine kombiniert, wird das
System immer größer, und man muss sich fragen:
Ist es dann noch ein Quantensystem oder ist es
schon klassisch? Ein Kriterium ist offenbar,
wie stark das System in Wechselwirkung mit

seiner Umgebung tritt, z. B: durch Licht oder Wärmestrahlung, die von außen auf das System treffen oder durch elektrische und magnetische Kräfte. Ist der Kontakt zu eng, wirkt er wie ein Messgerät und zerstört die Überlagerung, die Quantenmechanik geht sofort in die klassische Physik über. Dann reduziert sich ein Quantenbit (Qubit) mit 0 und 1 auf ein gewöhnliches Bit mit 0 oder 1. Wenn man pessimistisch ist, meint Rempe, kann man alleine deshalb schon glauben, dass der Quantencomputer gar nicht funktioniert. (Auszug aus einem Artikel aus Bild der Wissenschaft 2000).

Vor einigen Jahren haben Physiker noch bezweifelt, ob es jemals möglich sein wird einen Quantencomputer zu bauen. Die Zukunft ist offen, kann man zusammenfassend sagen. Und selbst wenn man optimistisch ist, kommt ein Quantencomputer mit viel größeren Kapazitäten (big scaled Computer) wie heutige Computer erst in ca. 50 Jahren, schätzen manche Quantenphysiker wie z.B.: Peter Zoller, Quantenphysiker von der Universität Innsbruck. Er meint aber, dass das Quanteninternet schon bald möglich sein könnte, welches eine Verbindung aus Quantenrechnern ist. Doch es gibt auch andere Ansätze, um ein Quanteninternet zu ermöglichen. In der Zeitschrift Nature wurde am 25. April 2018 berichtet, dass es Markus Aspelmeyer und seinem Team gemeinsam mit Physikern und Physikerinnen der technischen Universität Delft gelungen ist, Quanteninformation durch Vibrationen in stimmgabelförmigen Gebilden zu speichern und

wieder auszulesen.
Bisher wurden Quantenrechner mit 14 Quantenbits
gebaut, die allerdings sehr große Apparate in
den Labors sind. Die neuesten veröffentlichten
wissenschaftlichen Ergebnisse vom April 2018
von der Universität Innsbruck unter der Leitung
von Rainer Blatt in Zusammenarbeit mit der
Universität Ulm nennen bereits 20 Quantenbits
als Realisierung eines Quantencomputers mit
Ionen. Genauer gesagt wird es von den Forschern
und Forscherinnen als das größte, verschränkte
Quantenregister individuell kontrollierbarer
Systeme aus 20 Quantenbits bezeichnet.
Laut einem Artikel im P.M. Magazin vom Mai 2018
soll es Firmen wie IMB, Google oder Intel
gelungen sein mittels Supraleitung noch mehr
Quantenbits zu erzeugen, von 49, 50 und sogar
72 Quantenbits ist die Rede. Diese Entwicklung
macht sehr deutlich wie sehr Firmen an einem
Quantencomputer interessiert sind, und viel
Geld investieren, um eines Tages auch
marktfähige Quantencomputer herzustellen.
Allerdings erwähnt der Artikel auch die
skeptische Aussage eines Forschers der Gruppe
von Rainer Blatt an der Universität Innsbruck,
dass es oftmals keine Fachartikel gibt, die die
Quanteneigenschaften dieser Quantenbits von den
genannten Firmen auch tatsächlich belegen.
Um eine bessere Vorstellung zu bekommen von der
Kapazität bisher entwickelter Quantencomputer,
kann man sagen, dass 40 Quantenbits etwa der
Kapazität von heutigen klassischen Computern
entsprechen. Informatiker wollen aber
sogenannte big scaled Quantencomputer mit 1000
bis 1 Million Quantenbits, sagt Peter Zoller.
2005 gelang es dem Quantenphysiker Rainer Blatt

in Innsbruck mit seinem Team das erste
Quantenbit, also die Überlagerung von 1 und 0
mit 8 Atomen zu bauen. Sein Ziel heute ist,
mehr Leistung zu erreichen, das bedeutet mehr
Quantenbits. Und Hightech-Firmen sollen diese
Technologie weiterentwickeln und verkaufen.
In den USA ist man in dieser Entwicklung schon
weiter fortgeschritten als in Österreich.
Amerikanische Firmen wie Google und Microsoft
haben Interesse an einem Quantencomputer, und
es gibt Investoren, die Interesse an dieser
neuen Technologie haben.
15 verschiedene Ansätze wurden entwickelt, um
einen Quantencomputer zu bauen, Rainer Blatt
arbeitet in Innsbruck mit Ionenfallen. Auch ein
Quanteninternet soll in Zukunft möglich werden,
funktionieren soll dies durch Austausch
einzelner Lichtteilchen über
Glasfaserverbindungen, und die Rechner wären
wie gesagt Quantenrechner.

RECHTLICHE REGELUNGEN ZUM DATENSCHUTZ, NATIONALE UND EUROPÄISCHE REGELUNGEN

Aus rechtswissenschaftlicher Perspektive muss
man zu den Ausführungen im vorherigen Kapitel
Folgendes betrachten: Datenschutzregelungen
wurden in vielen Staaten als Gesetze erlassen,
und sind eine Querschnittmaterie zwischen
Wirtschaftsrecht und Öffentlichem Recht, dem
Verfassung - und Verwaltungsrecht. Wie in

vielen anderen Länder auch liegt der
Schwerpunkt des Gesetzes in Österreich bei dem
Schutz personenbezogener und sensibler Daten,
es werden nur bestimmte Daten, sensible Daten
sind z.B. religiöse und politische
Überzeugungen, sexuelle Orientierung,
Gesundheit etc., geschützt.

Datenschutzregelungen haben einen sehr engen
inhaltlichen Bezug zu bestimmen
verfassungsrechtlich geschützten Grund- und
Freiheitsrechten, wie eben der Schutz vor
Eingriffe in die Privatsphäre. Geregelt in der
Verfassung in Art. 8 MRK (europäischen
Menschenrechtskonvention), die im
Verfassungsrang steht. Allerdings hat das
aufgrund einer EU-Richtlinie im Jahr 2000 neu
verfasste österreichische Datenschutzgesetz im
§1 ein Grundrecht auf Datenschutz
festgeschrieben, und darin wird ausdrücklich
auf den Art.8 MRK verwiesen. Dieses neue Gesetz
schließt aber inhaltlich grundsätzlich an die
vorherigen Regelungen an, d.h. es gibt keine
völlige Neuregelung. Dieses wesentliche
Grundrecht auf Datenschutz wird in den
gesetzlichen Bestimmungen von §4 bis §64 sehr
breit ausgeführt.
Die Datenschutzrichtlinie für elektronische
Kommunikation wurde im Telekommunikationsgesetz
2003(TKG 2003) umgesetzt und regelt spezifische
Inhalte im Zusammenhang mit dem Internet, wie
Cookies, Logfiles und dem Abhören von
Telefongesprächen, schreibt Rainer Knyrim in
seinem Buch "Datenschutzrecht".
Außerdem informiert er, dass in der
Datenschutzgesetzesnovelle von 2010 die

sogenannte Data Breach Notification Duty
aufgenommen wurde, diese regelt innerhalb
welches Zeitraumes die national zuständige
Behörde (in Österreich die Datenschutzbehörde)
und alle individuell Betroffenen von einer
Verletzung des Schutzes personenbezogener Daten
(data breach) zu informieren sind.
Dazu muss ich anfügen, dass es im Jahr 2016
eine Einigung zwischen EU-Parlament, EU-
Kommission und EU-Rat gegeben hat über ein
neues EU weit geregeltes Datenschutzrecht,
genauer gesagt, eine EU-Datenschutz-
Grundverordnung, eine Verordnung zum Schutz
natürlicher Personen bei der Verarbeitung
personenbezogener Daten und zum freien
Datenverkehr. Rainer Knyrim, Rechtsanwalt in
Wien mit Schwerpunkt Datenschutzrecht, schreibt
in seinem Praxishandbuch über das
Datenschutzrecht, dass dies die neue
europäische Datenschutzgrundverordnung(DSGVO)
ist, die alle sonstigen öffentlichen Stellen
mit Ausnahme von Strafverfolgungs- und
Strafvollstreckungseinrichtungen und alle
Unternehmen und sonstige Datenverarbeiter
betreffen. Die Rechtsform der Verordnung
bedeutet, dass die DSGVO in allen
Mitgliedsstaaten, somit auch in Österreich
direkt anwendbar ist. Daraus folgt, dass die
DSGVO das derzeitige österreichische
Datenschutzgesetz von 2000 ersetzen wird."
Nationale Regelungen sind nur noch zulässig,
wenn dies die Verordnung ausdrücklich vorsieht,
z.B.: in spezifischen Rechtsgebieten wie das
ArbeitnehmerInnendatenschutzrecht oder im
Rechtsgebiet der Sozialversicherungen. Diese
Informationen stammen auch aus dem

Praxishandbuch von Rainer Knyrim. Das Problem
an diesem Buch ist bloß, dass es zwar die 3.
vollständig überarbeitete Auflage ist, aber da
es 2015 veröffentlicht wurde, muss der Autor an
einigen Stellen darauf hinweisen, dass die
endgültige Endfassung des Textes über die neue
europäische Datenschutz-Grundverordnung zu dem
Zeitpunkt seiner Überarbeitung noch nicht
vorlag, diese abschließende Einigung kam erst
im Jahr 2016. Auch weist der Autor deutlich
daraufhin, dass diese Verordnung erst 2 Jahre
nach Einigung in Kraft treten wird, also Ende
Mai 2018. Allerdings gab es nicht in allen
Belangen der Verordnung Uneinigkeit zwischen
den EU-Institutionen. Interessant zu lesen ist
daher, wenn Rainer Knyrim offen schreibt, in
welchen Inhalten der Datenschutzverordnung der
EU-Rat, also die Abstimmung aller
Mitgliedstaaten der EU, von dem Text des EU-
Parlaments oder der EU-Kommission abweicht.

Es kristallisiert sich heraus, dass das EU-
Parlament im Gegensatz zum EU-Rat eine oft viel
strengere Regelung des Datenschutzes anstreben
würde, sich aber sicherlich nicht überall
durchgesetzt hat. Beispielsweise sind zwar die
Strafen für Verletzungen des Datenschutzes
drastisch erhöht worden, sodass es für
Unternehmen sehr teuer werden kann, wenn sie
gegen diese EU-Datenschutzverordnung verstoßen,
doch das EU-Parlament wollte höhere Strafen.
Die Einigung darüber fand am 4. Mai 2016 statt,
direkt anzuwenden wird diese europäische
Datenschutzgrundverordnung aber erst ab bzw.
seit dem 25. Mai 2018.

Dennoch gebe ich einen Einblick in meiner Arbeit auch in das österreichische Datenschutzgesetz, da die Vergleiche mit der neuen EU-Regelung zeigen, welche Erneuerungen vorgesehen sind, und welche Inhalte ähnlich oder gleich sind.
Ich beginne mit dem wichtigen Anfang des österreichischen Datenschutzrechts:
§1 Datenschutzgesetz (DSG) "Jedermann hat, insbesondere auch im Hinblick auf die Achtung seines Privat- und Familienlebens, Anspruch auf Geheimhaltung der ihn betreffenden personenbezogenen Daten, soweit ein schutzwürdiges Interesse daran besteht"....
Jede Person-natürliche, juristische und Personengemeinschaften-haben das Recht auf Geheimhaltung bestimmter Daten.
Personenbezogene Daten sind beispielsweise Name, Geburtsdaten, Wohnsitz, Adresse, Fingerabdruck, Lichtbilder oder Tonbandausschnitte. Die neue EU-Datenschutzgrundverordnung (DSGVO) hingegen gilt laut Artikel 1 nur noch für den Datenschutz natürlicher Personen, das heißt sie gilt nicht mehr für juristische Personen wie Unternehmensdaten. Der Begriff natürliche Person meint alle Menschen, während unter dem Begriff juristischen Personen eine Personenvereinigung wie der Staat, ein Verein, eine Gemeinde oder eine Aktiengesellschaft gemeint sind, oder auch eine Stiftung.
Artikel 1 EU-DSGVO regelt die Eingrenzung auf natürliche Personen, und in Artikel 1 Ziffer 2 steht, dass auch diese Verordnung die Grundrechte und Grundfreiheiten natürlicher Personen schützt. Hier finden wir den wichtigen

Hinweis auf den Schutz der Grund- und
Freiheitsrechte.

Die Kryptografie stellt eine Möglichkeit dar,
dieses Geheimhaltungsrecht auch entsprechend
auszuüben bzw. seine Daten durch
Verschlüsselungssysteme zu schützen.
Interessant ist, dass in Wikipedia steht: Die
Kryptografie war ursprünglich die Wissenschaft
der Verschlüsselung von Informationen. Heute
befasst sie sich allgemein mit dem Thema
Informationssicherheit, also der Konzeption,
Definition und Konstruktion von
Informationssystemen, die widerstandsfähig
gegen unbefugtes Lesen und Verändern sind.

Wesentlich für die rechtliche
Auseinandersetzung mit Quantenkryptografie ist
besonders die Datensicherheit geregelt im §14
österreichisches Datenschutzgesetz (DSG) und
Artikel 32 EU-Datenschutzgrundverordnung.
§14 Datenschutzgesetz (1) und (2) Ziffer 5
beinhaltet Datensicherheitsmaßnahmen. §14(1)
besagt, dass: "Für alle Organisationseinheiten
eines Auftraggebers oder Dienstleisters, die
Daten verwenden, sind Maßnahmen zur
Gewährleistung der Datensicherheit zu treffen.
Dabei ist je nach der Art der verwendeten Daten
und nach dem Umfang und Zweck der Verwendung
sowie unter Bedachtnahme auf den Stand der
technischen Möglichkeiten und auf die
wirtschaftliche Vertretbarkeit sicherzustellen,
dass die Daten vor zufälliger oder
unrechtmäßiger Zerstörung und vor Verlust
geschützt sind, dass ihre Verwendung
ordnungsgemäß erfolgt und dass die Daten

Unbefugten nicht zugänglich sind." (2):
"Insbesondere ist, soweit dies im Hinblick auf
Absatz (1) letzter Satz erforderlich ist,
(Ziffer 5) die Zugriffsberechtigung auf Daten
und Programme und der Schutz der Datenträger
vor der Einsicht und Verwendung durch Unbefugte
zu regeln". Im §14(2) letzter Satz steht: Diese
Maßnahmen müssen unter Berücksichtigung des
Standes der Technik und der bei der
Durchführung erwachsenden Kosten ein
Schutzniveau gewährleisten, das den von der
Verwendung ausgehenden Risiken und der Art der
zu schützenden Daten angemessen ist.

Zur näheren Erläuterung muss man anfügen, dass
unter dem Begriff „Art" der Daten
Gesundheitsdaten, Bankdaten usw. fallen, beim
Umfang geht es um die Menge der Daten, und beim
Zweck kann es beispielsweise bei Bankdaten um
das Ausführen von Banküberweisungen gehen, oder
Abbuchungen vom Konto.
Da viele dieser Bankgeschäfte bereits online
getätigt werden, sind die Banken laut Gesetz
verpflichtet solche technischen
Sicherheitsvorkehrungen zu treffen, damit keine
Unbefugten Zugriff bekommen auf die Bankdaten
ihrer Kundinnen und Kunden. Es gibt bzw. gab in
der Vergangenheit immer wieder Hackerangriffe
auf Bankdaten großer Banken in Österreich, wo
allerdings kein Schaden angerichtet werden
konnte von den Hackern.
Interessant ist nun der direkte Vergleich mit
dem Artikel 32 der neuen EU-
Datenschutzgrundverordnung. Dieser regelt unter
dem Titel Sicherheit der Verarbeitung in Ziffer
1: Unter Berücksichtigung des Standes der

Technik, der Implementierungskosten und der
Art, des Umfanges, der Umstände und der Zwecke
der Verarbeitung sowie der unterschiedlichen
Eintrittswahrscheinlichkeit und Schwere des
Risikos für die Rechte und Freiheiten
natürlicher Personen treffen der
Verantwortliche und der Auftragsverarbeiter
geeignete technische und organisatorische
Maßnahmen, um ein dem Risiko angemessenes
Schutzniveau zu gewährleisten; diese Maßnahmen
schließen unter anderem Folgendes ein:
a) die Pseudonymisierung und Verschlüsselung
personenbezogener Daten

Artikel 4 EU-DSGVO erklärt den Begriff der
Pseudonymisierung,
Art.4 Ziffer 5 besagt dazu: Pseudonymisierung
ist die Verarbeitung personenbezogener Daten in
einer Weise, dass die personenbezogenen Daten
ohne Hinzuziehung zusätzlicher Informationen
nicht mehr einer spezifischen betroffenen
Person zugeordnet werden können, sofern diese
zusätzlichen Informationen gesondert aufbewahrt
werden und technischen und organisatorischen
Maßnahmen unterliegen, die gewährleisten, dass
die personenbezogenen Daten nicht einer
identifizierten oder identifizierbaren
natürlichen Person zugewiesen werden;

Es gibt dann noch weitere Punkte bis d) des
Art.32, aber an dieser Stelle möchte ich
hinweisen, dass dieser Artikel 32 im Gegensatz
zum § 14 des österreichischen
Datenschutzgesetzes wörtlich die
Verschlüsselung als Schutzmaßnahme, die
getroffen werden muss, verlangt. Während ich

also die Verschlüsselung als technische
Sicherheitsmaßnahme dem §14 DSG subsumiert
habe, ohne dass diese Maßnahme ausdrücklich
genannt wird, vielmehr nennt §14 DSG keine
einzige erforderliche Sicherheitsmaßnahme. Und
da diese neue EU - DSGVO ab bzw. seit Mai 2018
direkt anwendbar wird, und das österreichische
Datenschutzgesetz ersetzt, müssen ausdrücklich
Verschlüsselungstechniken eingesetzt werden,
allerdings nur unter-ähnlich wie §14DSG-
bestimmten Voraussetzungen wie eben die
Berücksichtigung des Stands der Technik, der
Kosten, und in Abhängigkeit der Daten.
Allerdings bedeutet das auch, dass der Stand
der Technik auch bezüglich der
Verschlüsselungstechnik zu berücksichtigen ist.

Auch wichtig zu beachten ist die
unterschiedliche Formulierung über die Nutzung
von Daten, im § 14 DSG wird von Verwendung von
Daten gesprochen, dagegen hat man sich im
Art.32 EU-DSGVO auf die Verarbeitung von Daten
geeinigt. Was genau unter einer
Datenverarbeitung zu verstehen ist, wird am
Beginn der Verordnung erläutert in
Artikel(Art.)4 Ziffer 2:" Verarbeitung
bezeichnet jeden mit oder ohne Hilfe
automatisierter Verfahren ausgeführten Vorgang
oder jede solche Vorgangsreihe im Zusammenhang
mit personenbezogenen Daten wie das Erheben,
das Erfassen, die Organisation, das Ordnen, die
Speicherung, die Anpassung oder Veränderung,
das Auslesen, das Abfragen, die Verwendung, die
Offenlegung durch Übermittlung, Verbreitung
oder eine andere Form der Bereitstellung, den
Abgleich oder die Verknüpfung, die

Einschränkung, das Löschen oder die
Vernichtung;" So weit wird also die
Verarbeitung genau definiert. Der Begriff der
Verwendung von Daten wie im § 14
österreichisches DSG ist im Art.32 also nur ein
Begriff unter vielen anderen, der unter den
großen Oberbegriff der Verarbeitung fällt.

Allerdings beinhaltet der Begriff der
Datenanwendung des §14 DSG eben auch die
Verarbeitung von Daten und auch die
Übermittlung von Daten, dies besagt §4 DSG
Ziffer 9 und Ziffer 12.
Rainer Knyrim schreibt in seinem Kapitel 13
über Datenschutz und Informationssicherheit,
geregelt in den ausgeführten §14 DSG, der
technischen und organisatorische Maßnahmen
verlangt, um die Datensicherheit zu
gewährleisten, dass jeder Auftraggeber und
Dienstleister verpflichtet ist, in die
Datensicherheit finanziell und organisatorisch
zu investieren, damit seine
IT(Informationstechnologie)und IT-Organisation
dem Stand der Technik entspricht. Je heikler
die Datenanwendung ist, desto besser müssen die
Sicherheitsvorkehrungen sein, schreibt er. Und
er erwähnt ausdrücklich, welche Maßnahmen
aufgrund § 14(2) DSG verpflichtend sind, und
stellt sie tabellarisch dar. In dieser Tabelle
auf Seite 373 seines Praxishandbuches über
Datenschutzrecht, 3. Auflage, stellt er für den
von mir immer wieder angeführten §14(2) Ziffer
5, der die Zugriffsberechtigung auf Daten und
Programme und den Schutz der Datenträger vor
Einsicht und Verwendung durch Unbefugte Dritte
regelt, die notwendigen Maßnahmen vor, nämlich:

52

ein Zugriffsrechtssystem und ein Daten- bzw.
Mailverschlüsselungskonzept.
Verschlüsselungssysteme sind also bereits
notwendige Maßnahmen in Abhängigkeit von der
Art der Daten und des Verwendungszwecks, und es
ist auch ausdrücklich im Gesetz vorgeschrieben,
dass diese Maßnahmen unter Berücksichtigung des
Standes der Technik umgesetzt werden müssen.

Es besteht folglich also sehr wohl für
Unternehmen, Behörden, die Daten verwenden die
Verpflichtung, den Stand der Technik nicht nur
zu kennen, sondern auch entsprechend als
Vorsichts- bzw. Sicherheitsmaßnahme zu
etablieren. Es muss also Menschen geben, die
diese Kenntnis haben, und sie auch umsetzen
können. Für diese verpflichtende Aufgabe muss
man schon sehr spezielle Kenntnisse bzw. ein
spezielles Wissen und Zugang zu den neuesten
technischen Entwicklungen haben. Interessant
wäre es einmal herauszufinden, wie bekannt
Quantenkryptografie in Österreich über die
universitäre Forschung hinaus eigentlich in der
Gesellschaft und v.a. gerade in Berufsgruppe
ist, die Verschlüsselungssysteme anbieten und
laut Datenschutzgesetz auch anbieten sollten.
Es gibt diesen bekannten Satz bezüglich der
Anwendung von Gesetzen, dass Papier geduldig
ist. Damit ist gemeint, dass zwischen dem
rechtlichen Sollen und dem Sein, also der
gesellschaftlichen Praxis sich oftmals eine
Kluft auftut, Gesetze nicht entsprechend
angewendet werden. Diesen rechtsphilosophischen
Ansatz habe ich schon angeschnitten am Beginn
meiner Arbeit. Doch in diesem Fall ist die
Gesetzgebung hartnäckig gegenüber der

praktischen Handhabung in dem Sinne, dass die
Sicherheitsmaßnahmen der Verschlüsselung von
Daten zur deren Sicherheit immer wichtiger
werden, und daher ist es unumgänglich für die
praktische Anwendung tatsächlich den Stand auch
in der Verschlüsselungstechnik gut zu kennen,
und dass die Daten anwendenden Unternehmen und
Behörden diese auch entsprechend installieren.
Gesetze werden auch gerade durch die
tatsächlichen gesellschaftlichen Entwicklungen
erneuert, erweitert und neu geschaffen, und
dieser Prozess ist meines Erachtens auch der
spannendere als das Studieren von
Gesetzestexten und juristischen Lehrbüchern. Im
rechtswissenschaftlichen Studium geht es sehr
häufig um das Lösen von fiktiven Fällen, für
die ein bestimmtes Rechtsgebiet als Anwendung
erlernt werden sollte. Die gelebte Praxis ist
oftmals viel komplexer, und unterscheidet sich
deutlich von den verschiedenen Rechtsmeinungen
und Theorien an der Universität.

Zurückkommend auf die neue EU Regelung zum
Datenschutz: In mancher Hinsicht geht Art.32
also weiter als unser österreichisches
Datenschutzgesetz. Der Rechtsanwalt Rainer
Knyrim meint, dass die österreichischen
Unternehmen nicht gut vorbereitet sind auf die
neue EU-Datenschutzgrundverordnung. Da die
Strafen viel strengerer ausfallen bei Verstößen
gegen die Verordnung, werden die Unternehmen in
Österreich hoffentlich die Zeit nutzen, um den
Datenschutz den erhöhten Anforderungen
anzupassen.
In einigen Bereichen weicht diese EU-
Datenschutzgrundverordnung von der direkten

Gültigkeit ab, und lässt es den EU-Staaten
frei, eigene Regelungen zu erlassen, das gilt
teilweise wie schon erwähnt auch für Strafen
bei Verstößen gegen den Datenschutz.

Im Gegensatz zum österreichischen
Datenschutzgesetz gibt es in der EU-
Datenschutzverordnung zusätzlich zu dem Artikel
32 der Sicherheit der Datenverarbeitung, noch
den Art. 25: Datenschutz durch
Technikgestaltung und durch
datenschutzfreundliche Grundeinstellungen, der
ähnlich wie Art.32 geeignete technische und
organisatorische Maßnahmen verlangt von den
Verantwortlichen, wiederum unter
Berücksichtigung des Standes der Technik, der
Implementierungskosten und der Art, des
Umfangs, der Umstände und der Zwecke der
Verarbeitung sowie der unterschiedlichen
Eintrittswahrscheinlichkeit und Schwere der mit
der Verarbeitung verbundenen Risiken für die
Rechte und Freiheiten natürlicher Personen.
Technische und organisatorische Maßnahmen
sollen erlassen werden, die dafür ausgelegt
sind, die Datenschutzgrundsätze wie
Datenminimierung wirksam umzusetzen und die
notwendigen Garantien in die Verarbeitung
aufzunehmen, um den Anforderungen dieser
Verordnung zu genügen und die Rechte der
Betroffenen zu schützen.
Ich finde dieser Art.25 streicht nochmals die
ebenfalls in Art. 32 umfassend geregelten
Datensicherheitsmaßnahmen hervor, um die Daten
auch wirklich effektiv vor Missbrauch schützen
zu können.

Man findet im Internet hinzugefügt zu jedem Artikel der EU-Datenschutzverordnung die entsprechenden Erwägungsgründe.
Zur Datensicherheit des Artikel 32 kann man als Erwägungsgrund lesen, dass „zur Aufrechterhaltung der Sicherheit und zur Vorbeugung gegen eine gegen diese Verordnung verstoßende Verarbeitung sollte der Verantwortliche oder der Auftragsverarbeiter die mit der Verarbeitung verbundenen Risiken ermitteln und Maßnahmen zu ihrer Eindämmung, wie etwa eine Verschlüsselung treffen. Diese Maßnahmen sollten unter der Berücksichtigung des Standes der Technik und der Implementierungskosten ein Schutzniveau-auch hinsichtlich der Vertraulichkeit-gewährleisten, dass den von der Verarbeitung ausgehenden Risiken und der Art der zu schützenden personenbezogenen Daten angemessen ist.
Bei der Bewertung der Datensicherheitsrisiken sollten die mit der Verarbeitung personenbezogener Daten verbundenen Risiken berücksichtigt werden, wie etwa-ob unbeabsichtigt oder unrechtmäßig-Vernichtung, Verlust, Veränderung oder unbefugte Offenlegung von oder unbefugter Zugang zu personenbezogenen Daten, die übermittelt, gespeichert oder auf sonstige Weise verarbeitet wurden, insbesondere wenn dies zu einem physischen, materiellen oder immateriellen Schaden führen könnte."
Diese zusätzlichen Hintergrundinformationen liefern die als Erwägungsgründe angegebenen Erklärungen zu Artikel 32, wobei die Verschlüsselung eine wesentliche Rolle einnimmt, und im Gegensatz zu dem österreichischen Datenschutzgesetz ausdrücklich

als eine der verlangten Maßnahmen zur
Datensicherheit auch in den Erwägungsgründen
genannt wird. Es ist anzunehmen, dass neuen
Methoden der Verschlüsselung, wie
Quantenkryptografie, durch die ständige Zunahme
der Digitalisierung von Lebensbereichen nicht
nur die Zukunft gehören, sondern diese auch in
der Gegenwart in den Vordergrund rücken,
bekannter werden, und viel breiter angewendet
werden als bisher.

Zudem, und das ist natürlich zu begrüßen geht
die Geltung dieser Verordnung über die EU-
Staaten hinaus, sofern es laut Art.3 Ziffer 2
um die Verarbeitung von personenbezogener Daten
von betroffenen Personen geht, die sich in der
EU befinden, durch einen nicht in der Union
niedergelassenen Verantwortlichen oder
Auftragsverarbeiter, wenn die Datenverarbeitung
im Zusammenhang damit steht, a) betroffenen
Personen Waren und Dienstleistungen in der
Union anbietet, unabhängig von einer Bezahlung.
Und diese Verordnung findet auch Anwendung auf
die Verarbeitung personenbezogener Daten durch
einen nicht in der Union niedergelassenen
Verantwortlichen an einem Ort, der aufgrund
Völkerrechts dem Recht eines Mitgliedsstaats
unterliegt.
Damit will man, dass Unternehmen, die außerhalb
Europas angesiedelt sind, und ihre
Dienstleistungen in Europa anbieten, sich den
europäischen Datenschutzstandards unterwerfen,
das würde also Google, Facebook, etc.
betreffen.

Die Verschlüsselung von Daten würde vermehrt

eine noch größere Rolle spielen. Als einen von vielen Gründen für diese neue EU-Datenschutzgrundverordnung nennen die EU-Institutionen auch, " dass rasche technologische Entwicklungen und die Globalisierung den Datenschutz vor neue Herausforderungen gestellt haben.
Das Ausmaß der Erhebung und des Austausches personenbezogener Daten hat eindrucksvoll zugenommen. Die Technik macht es möglich, das private Unternehmen und Behörden im Rahmen ihrer Tätigkeiten in einem noch nie dagewesenen Umfang auf personenbezogene Daten zurückgreifen. Zunehmend machen auch natürliche Personen Informationen öffentlich weltweit zugänglich. Die Technik hat das wirtschaftliche und gesellschaftliche Leben verändert und dürfte den Verkehr personenbezogener Daten innerhalb der Union sowie die Datenübermittlung an Drittländer und internationale Organisationen noch weiter erleichtern, wobei ein hohes Datenschutzniveau zu gewährleisten ist, steht in den finalen Dokumenten bei den genannten Motiven für diese Verordnung.
Doch bereits vor dem Inkrafttreten dieser EU-Verordnung wird von so mancher Seite kritisiert, dass das angestrebte hohe Datenschutzniveau mit dieser neuen EU-Verordnung verfehlt wurde. Es hagelt also jetzt schon Kritik. Das verwundert zwar nicht, wird aber wahrscheinlich zu keinerlei neuerlichen Änderungen der Verordnung führen, zu mindestens vorerst nicht, denn erst wenn die Datenschutzverordnung angewendet werden soll, wird sich mit der Zeit ihre Breitenwirkung und Effektivität zeigen und mögliche Mängel beim

Datenschutz zeigen.

Rainer Knyrim hat in seinem Praxishandbuch über
das Datenschutzrecht ein ganzes Kapitel,
Kapitel 13, der Verbindung zwischen Datenschutz
und Informationssicherheit gewidmet. In einem
der Unterkapitel, 13.2.5, beschreibt der Autor
die Schutzziele der Informationssicherheit.
Diese sind Vertraulichkeit, Integrität und
Verfügbarkeit. Unter dem Begriff der
Vertraulichkeit versteht der Autor, dass nur
jene Personen Zugriff auf Informationen haben,
die diese zur Erfüllung ihrer Arbeit auch
tatsächlich benötigen, und das allen, auf die
das nicht zutrifft, der Zugriff verwehrt
bleibt.
Zutrittsbereiche sind zu segmentieren (nicht
jeder Mitarbeiter/Partner/Kunde) darf jeden
Bereich betreten. Auch der Schutz vor
Datendieben und Hackern ist eine Maßnahme, um
die Vertraulichkeit sicherzustellen, betont der
Autor.
Um diese Vertraulichkeit sicherstellen zu
können, und etwa Hackern keine
Angriffsmöglichkeit zu geben, denke ich an
Verschlüsselungssystemen, als eine
Abwehrtechnik gegen Hacker.
Grundsätzlich müssen Unternehmen viel beachten,
um die Anforderungen des Datenschutzes
bestmöglich umzusetzen, und damit auch den
Kriterien der Informationssicherheit zu
entsprechen. Denn die Datenschutzanforderungen
an die Informationssicherheit regelt §14 DSG
2000, schreibt Rainer Knyrim. Die
Verschlüsselung bezeichnet er als eine
Informationssicherheitsmaßnahme, um den Zugriff

auf Daten vor unbefugten Dritten zu schützen.

In Punkt 13.8.1. erläutert der Autor Näheres
zum wichtigen Grundsatz der Vertraulichkeit,
nämlich die Vertraulichkeitsklassifizierung.
Diese definiert in einem Unternehmen, wie
streng die Geheimhaltung von Daten und
Information zu erfolgen hat. Die
Klassifizierung führt er näher aus, bildet eine
wesentliche Voraussetzung für die spätere
Auswahl von Sicherheitsmaßnahmen. Und weiter:"
Sinnvoll ist, eine Klassifizierung nach
hausintern, vertraulich, geheim,
datenschutzrelevant zu treffen (hier wiederum
nach sensiblen Daten, personenbezogenen Daten,
indirekt personenbezogenen Daten). Nicht
klassifizierte Daten gelten als offen.
Diese Ausführungen von Rainer Knyrim zeigen wie
wesentlich es ist, dass Unternehmen
differenzieren müssen je nach Wichtigkeit und
Art der Daten. Und wenn diese Aufgabe
fehlerhaft gemacht wird, kann das negative
Folgen haben für das Unternehmen.
Im Kapitel 13.14 zum Thema Technik und
Organisation weist der Autor noch daraufhin,
dass sich sowohl die Organisationsstrukturen
als auch die Bedrohungsszenarien schnell ändern
können, was eine permanente Anpassung
erforderlich macht in Hinblick auf die
physische Sicherheit von Daten, der
Zutrittsberechtigung, der Sicherheit von
Geräten, der Entsorgung, der
Zugriffsberechtigungskonzepte, der Primär - und
Sekundärdaten, der Protokollierung, der
Schadprogramme, der Datensicherung-Archivierung
und Backups, und letztendlich nennt er

natürlich auch die Verschlüsselung. Er schreibt: " Wann immer Daten das Haus (also das Unternehmen) verlassen, stellt dies ein erhöhtes Sicherheitsrisiko dar. Daher sollten alle Arten von Daten, die in eine erhöhte Vertraulichkeitsklasse fallen oder datenschutzsensibel sind, verschlüsselt werden, sobald sie das Unternehmen verlassen. Dies gilt natürlich für die elektronische Datenübertragung wie E-Mail, aber auch für jedes Notebook, jede Art von Datenträger, USB-Sticks, Mobiltelefone etc."
In manchen Fällen informierter er weiter, ist Verschlüsselung zwingend erforderlich, z.B.: §6 Gesundheitstelematikgesetz (Gesundheitsreformgesetz 2005).
In England werden mittlerweile drakonische Strafen verhängt, so gab es etwa GBP 70000,- Strafe für einen unverschlüsselten Firmenlaptop, den ein Einbrecher aus der Wohnung eines Angestellten gestohlen hatte, bringt er ein brisantes Beispiel.

QUANTENKRYPTOGRAFIE UND DATENSCHUTZ

Interessant ist auch einmal deutlich zu erläutern, wie diese Abhörsicherheit der Quantenkryptografie zustande kommt. Ein Quantensystem kann nicht abgehört werden, ohne dass es von den Beteiligten, die eine Information austauschen bemerkt wird bzw.

bemerkt werden sollte. Kann man den Schlüssel knacken, kommt man zu den Informationen, die geschützt werden sollen. Rein theoretisch ist es aber nicht möglich die Verschlüsselung bzw. den Schlüssel zu knacken ohne, dass es bemerkt wird von den Beteiligten, die Informationen verschlüsselt austauschen. Aufgrund dieser Tatsache wird von Abhörsicherheit gesprochen, doch dieser Begriff ist bereits eine interpretative Bewertung, denn man kann es auch anders betrachten. Alleine die Tatsache, dass laut Theorie ein Quantensystem nicht unbemerkt abgehört werden kann, bedeutet noch keine Abhörsicherheit, denn ein Eindringen in den Austausch der Nachrichten oder Informationen ist ja möglich, nur sollten es laut Theorie die Beteiligten sofort bemerken, also könnte man anders formuliert-vielleicht korrekter-feststellen, dass es keine Sicherheit gibt, abgehört zu werden, sondern nur nicht die Möglichkeit, nicht unbemerkt abgehört zu werden. Dieser Sicht kann man entgegenhalten, wenn sofort bemerkt wird, dass es einen unbefugten Eindringling gibt in die verschlüsselte Kommunikation, dann kann es rein theoretisch zu keinem Abhörvorgang kommen, weil die Beteiligten sofort reagieren können, ohne dass der Verschlüsselungscode geknackt wird. Dies ist theoretisch möglich ist, aber praktisch? Der schon erwähnte Quantenphysiker Andreas Poppe erläutert, man kann Information im System so gestalten, dass AbhörerInnen mit abgehörter Information nichts anfangen können. „Den Schlüssel müsste der Abhörer erraten, denn diesen hat er nicht, der Schlüssel muss mathematisch gut sein, man muss die

62

Schlüssellänge reduzieren, dann kann der
Schlüssel nicht erraten werden," und er sagt,
die Quantenphysiker und Quantenphysikerinnen
sind überzeugt, dass die Abhörsicherheit durch
die Quantenkryptografie realisierbar ist, doch
die klassischen PhysikerInnen sind skeptisch
bzw. kritisch.
Jene quantenkryptografischen
Verschlüsselungssysteme, die bisher entwickelt
wurden, lassen nach Überprüfung durch die
ForscherInnen, es sehr wohl zu, dass nicht
bemerkt wird, dass man abgehört wird. Der
Nobelpreisträger Harald Weinfurter, führend auf
dem Gebiet der Quantenkryptografie hat mir im
Juni 2015 geschrieben, dass wir heute erstmals
das Wissen, das ein Abhörer über einen
verteilten Schlüssel maximal haben kann,
bestimmen können. Durch gezielte Verkürzung
kann dann dieses Wissen praktisch auf null
gesetzt werden. Im Anschluss kann der Schlüssel
zur Verschlüsselung einer Nachricht verwendet
werden. So können sie sicher sein, dass die von
Ihnen verschickte Nachricht nur der rechtmäßige
Empfänger lesen kann, erklärt er.
Im Weiteren betont er, dass es von Zeit zu Zeit
Nachrichten gibt, dass Quantenkryptografie
gehackt wurde. Hier wurde jeweils ein Manko
eines existierenden Aufbaus genutzt. Mir ist
kein Angriff bekannt, der nicht durch ein
Verbessern des Aufbaus vermieden werden kann.
Man muss nur darauf achten, dass die Geräte
entsprechend sicher sind. Letzteres ist ein
wichtiger neuer Bereich der Sicherheit, der
hinzukommt, nun liegt es also hauptsächlich an
den sicheren Geräten.

Angesichts solcher Überlegungen wird deutlich, dass die Aussage der Abhörsicherheit oder die Feststellung der Abhörsicherheit als Naturgesetz sehr wohl auch rechtlich bzw. rechtsphilosophisch von Bedeutung ist in Hinblick auf § 14 Datenschutzgesetz und Art.32 EU-Datenschutzgrundverordnung, genauer gesagt würde eine andere Formulierung auch zu anderen rechtlichen Überlegungen und Schlüssen führen. In jedem Fall ist ein abhörsicherer Schutz von Daten ein Gebot der Stunde bzw. aufgrund der geschilderten, technologischen Entwicklungen von höchster Relevanz. Auch aus diesem Grund macht die nähere Auseinandersetzung mit einer anscheinend wirklich abhörsicheren Methode Sinn.

Das sind sehr brisanten Aussagen gerade auch in Hinblick auf den im 4.Kapitel erwähnten §14 Datenschutzgesetz, in welchem wie ich schon einige Male hingewiesen habe, die Datensicherheitsmaßnahmen geregelt sind. Im §14(2) letzter Satz steht: Diese Maßnahmen müssen unter Berücksichtigung des Standes der Technik und der bei der Durchführung erwachsenden Kosten ein Schutzniveau gewährleisten, das den von der Verwendung ausgehenden Risiken und der Art der zu schützenden Daten angemessen ist, eine ähnliche Formulierung findet man auch in Artikel 32 EU-Recht.
Es wird also Bezug genommen auf den Stand der Technik, das heißt all jene, die Dienstleistungen und Techniken zur Verfügung stellen, die den Austausch von rechtlich geschützten Daten betreffen, müssen sich immer

auch mit dem Stand der Technik beschäftigen,
wobei man sich die gesamte Formulierung des
letzten Satzes des §14(2) näher ansehen muss.
Was bedeutet die Formulierung" unter
Berücksichtigung des Standes der Technik"?
Bedeutet es, dass eine Verpflichtung besteht
die neuesten Methoden der Technik zu nutzen, um
Daten zu schützen, oder dass man in Hinblick
auf die Kosten nicht unbedingt verpflichtet
ist, jede teure neue Methode auch wirklich zu
nutzen oder der Nutzung zur Verfügung zu
stellen? Jedenfalls lassen diese Formulierungen
wiederum einen Abwägungsspielraum offen, da
auch auf die Art der Daten und auf das Risiko
hingewiesen wird. Allerdings stellt sich im
Zusammenhang mit der Quantenkryptografie doch
die Frage, ob denn die Wirtschaft auch dann,
wenn sie keinen Bedarf sieht - dennoch die zu
mindestens viel sichere Verschlüsselungsmethode
der Quantenkryptografie berücksichtigen muss
aufgrund von rechtlichen Regelungen zum
Datenschutz? Da Rechtssysteme immer auch den
Schutz vor Missbrauch regeln müssen, muss man
aus dieser Warte immer vorsichtig sein mit
Versprechen einer totalen Sicherheit ohne
Schwachstellen. Dennoch sind Systeme erwünscht,
die die technischen Datensicherheitsmaßnahmen
verbessern können.

Artikel 32 der neuen EU-Datenschutzgrundverordnung (DSGVO)

besagt im Vergleich zu $ 14 österreichisches
Datenschutzgesetz folgendes zur Sicherheit der
Verarbeitung von Daten: Ziffer 1: Unter

Berücksichtigung des Stands der Technik, der
Implementierungskosten und der Art, des
Umfangs, der Umstände und der Zwecke der
Verarbeitung sowie der unterschiedlichen
Eintrittswahrscheinlichkeit und Schwere des
Risikos für die Rechte und Freiheiten
natürlicher Personen treffen der
Verantwortliche und der Auftragsverarbeiter
geeignete technische und organisatorische
Maßnahmen, um ein dem Risiko angemessenes
Schutzniveau zu gewährleisten; diese Maßnahmen
schließen unter anderem Folgendes ein: a) die
Pseudonymisierung und Verschlüsselung
personenbezogener Daten;
b) die Fähigkeit, die Vertraulichkeit,
Integrität, Verfügbarkeit und Belastbarkeit der
Systeme und Dienste im Zusammenhang mit der
Verarbeitung auf Dauer sicherzustellen;
c) die Fähigkeit, die Verfügbarkeit de
personenbezogenen Daten und den Zugang zu ihnen
bei einem physischen oder technischen
Zwischenfall rasch wiederherzustellen;
d) ein Verfahren zur regelmäßigen Überprüfung,
Bewertung und Evaluierung der Wirksamkeit der
technischen und organisatorischen Maßnahmen zur
Gewährleistung der Sicherheit der Verarbeitung
Bei der Beurteilung des angemessenen
Schutzniveaus sind insbesondere die Risiken
zu berücksichtigen, die mit der Verarbeitung
verbunden sind, insbesondere durch-ob
unbeabsichtigt oder unrechtmäßig-Vernichtung,
Verlust, Veränderung oder unbefugte Offenlegung
von beziehungsweise unbefugtem Zugang zu
personenbezogenen Daten, die übermittelt,
gespeichert oder auf andere Weise verarbeitet
wurden.

Artikel 32 EU-DSGVO ist also vergleichsweise deutlich detaillierter in der Regelung der Datensicherheit als § 14 österreichisches Datenschutzgesetz. Aber es gibt auch starke inhaltliche Parallelen, wie die Berücksichtigung des Stands der Technik, oder auch Art, Umfang, Zweck der Datenverarbeitung, ebenfalls wird die Risikoabwägung gefordert. Wie allerdings das erforderliche Schutzniveau zu gewährleiten sein sollte, dazu macht Art.32 im Gegensatz zu § 14 DSG unter Punkt a) bis d) genauere rechtliche Vorgaben, an die man sich halten sollte. Beispielsweise wird im Punkt d) die Evaluierung der Sicherheitsmaßnahmen auch der technischen verlangt, und wird unter Punkt b) die Vertraulichkeit, Integrität usw. explizit erwähnt.
Zusammenfassend kann man festhalten, dass Artikel 32 der neuen EU-DSGVO zwar in der inhaltlichen Zielrichtung § 14 entspricht, aber in der rechtlichen Regelung viel weitere Vorgaben macht, die umzusetzen und zu berücksichtigen sind.
Art.32 des EU-Rechts ist demnach eine Vertiefung der österreichischen Rechtsnorm.

Experten einer Firma für den bargeldlosen Zahlungsverkehr sind sich sicher, dass das kryptografische Verfahren im Chip einer Bankomatkarte, das den PIN-Code verschlüsselt, noch nie gehackt wurde, denn es würde Jahre dauern. Und doch hat es Anfang 2013 einen Fall gegeben, wo aber vermutet wurde, dass der PIN-Code einer Bankomatkarte entschlüsselt wurde. Dieses Beispiel zeigt, dass die Sicherheit der

klassischen Verschlüsselungssysteme Risse
bekommt.

Nicht vergessen sollte man, wie schon an
früherer Stelle erwähnt, die Informationen, die
Edward Snowden über die Vorgehensweise der NSA
enthüllt hat, dass die NSA und auch der
britische Geheimdienst, in der Lage ist,
Verschlüsselungen zu knacken.
§14 DSG verlangt nicht, dass bei jeder
Datenanwendung ein Höchstmaß an
Datensicherheitsmaßnahmen getroffen wird,
sondern gewährleistet eine flexible Handhabung
dieser Pflicht. In Frage kommen
organisatorische, technische, bauliche und
personelle Maßnahmen. Zur Beurteilung ist eine
Risikoanalyse vorzunehmen."(Zitat aus dem
Kommentar zum Datenschutzgesetz 2000 von
Drobesch und Grosinger)
Diese als flexibel ausgelegte Pflicht zur
Datensicherheit durch die beiden Kommentatoren
lässt also einen Handlungs- und
Entscheidungsspielraum offen für den
Einzelfall.
Es kann im Einzelfall nach Abwägungen aller
Umstände zu keiner Verpflichtung kommen, das
Höchstmaß an technischen Sicherheitsmaßnahmen
zu ergreifen, aber genauso kann es nach einer
Einzelfallprüfung sehr wohl verpflichtend sein,
das Höchstmaß an Sicherheit zu ermöglichen.
Wenn man sich also einen bestimmten Einzelfall
vorstellt, etwa die Notwendigkeit von Banken
Bankdaten zu schützen, kann man durchaus
verlangen, dass die Banken die bestmöglichen
Sicherheitsvorkehrungen treffen, damit ihre
Kundinnen und Kunden vor einem großen

finanziellen Schaden geschützt werden können.
In diesem Fallbeispiel sind zweifelsohne
wichtige Daten betroffen, wo ein sehr großer
Schaden entstehen kann.
Sicherlich kann man solche Überlegungen auch
auf die Auslegung des Artikel 32 des neuen EU-
Datenschutzrechts anwenden, denn auch dieser
Artikel lässt einen Handlungs- und
Entscheidungsrahmen offen.

Wie eine mögliche Risikoanalyse aussehen kann,
beschreibt Rainer Knyrim im Kapitel 13.2.1
Einführung in die Grundlagen der
Informationssicherheit des Praxishandbuchs über
Datenschutzrecht:
Er vergleicht den Schutz der Daten mit dem
Schutz des Hauses:"
Sie werden überlegen, ob es spezielle
Sicherheitszonen im Haus gibt, die besser
geschützt werden sollen als der Rest des
Hauses. Das können z.B. die Garage mit einem
wertvollen Oldtimer oder der Safe mit den
Sparbüchern und Dokumenten sein. Aber auch
Bereiche, in denen ein erhöhter Bedarf an
Intimsphäre besteht (z.B. Badezimmer,
Toilette), sollten getrennt versperrbar sein
und eine Sicherheitszone bilden. Danach werden
Sie sich Gedanken machen, gegen welche
Bedrohungen Sie Maßnahmen treffen wollen. Nicht
jede Bedrohung ist es wert, betrachtet zu
werden, da es ihrer unendlich viele gibt. Ist
es sinnvoll, sich gegen einen Kometen, der auf
das Haus fallen könnte, oder gegen Hochwasser
abzusichern, wenn das Haus 300 m oberhalb eines
Flussbettniveaus liegt? Oder ist es
vernünftiger, das für Sicherheit geplante

Budget in Gitterstäbe vor den Fenstern zu investieren? Sie werden sich also überlegen, welche Maßnahmen Sie vordringlich ergreifen werden. Sie machen eine Risikoanalyse.
Einige Risiken, wie z.B. den Kometen, werden Sie einfach akzeptieren (Risikoakzeptanz). Bei einigen der erkannten Risiken werden sie jedoch etwas tun (Risikobehandlung). Wenn Sie viel Bargeld zu Hause aufbewahren müssen, werden Sie sich eventuell Gedanken über einen Safe machen (Reduzierung der Eintrittswahrscheinlichkeit). Vielleicht aber werden Sie das Geld auf mehrere Standorte aufteilen, in der Hoffnung, dass der Einbrecher nicht alles findet (Reduzierung der Schadenshöhe). Oder aber Sie entscheiden sich das Geld der Bank anzuvertrauen (Abwälzung von Risiko). Die Gesamtheit aus Risikoanalyse, Risikoakzeptanz und Risikobehandlung ist das Risikomanagement", schreibt Rainer Knyrim. Dieses Risikomanagement ist v.a. für Unternehmen unverzichtbar.
Den Vergleich mit den Sicherheitsmaßnahmen für das eigene Haus wählt der Autor um zu veranschaulichen, wie ähnlich die Denkmuster sind, egal, ob es sich um den Schutz des Hauses oder um den Schutz von Information handelt.

Die frühere österreichische Innenministerin Johanna Mikl-Leitner hat im Parlament schon vor längerer Zeit erklärt, dass die Sicherheit von Informationssystemen durch ein eigenes Cybersecuritycenter im Innenministerium zur Bekämpfung der Cyberkriminalität ein wichtiger Schwerpunkt ist und sein wird.
Diebstahl von Daten der Wirtschaft, der Wissenschaft, staatlicher Organisationen

erwähnte die Ministerin in diesem Zusammenhang,
dürfen nicht geschehen, und müssen verhindert
werden, doch das geht nur auf europäischer
Ebene, erläutert sie.
Sie fordert einen EU-Binnenmarkt für
Sicherheit, eigene Sicherheitssysteme, und auch
eigene europäische Verschlüsselungssysteme,
eigene europäische Server, und v.a. verlangt
sie eine gemeinsame europäische Vorgangsweise.
Sollte die Quantenkryptografie wie in meinen
Ausführungen dargestellt aufgrund der möglichen
größeren, ja sogar immerwährenden Sicherheit
die klassische Kryptografie ablösen und zum
Standard werden?
Da §14 DSG eben doch auch bei Prüfung im
Einzelfall ein Höchstmaß an technischen
Datensicherheitsmaßnahmen vorsehen kann, würde
ja die Quantenkryptografie laut Behauptung von
Quantenphysikern und Quantenphysikerinnen das
höchstmögliche Maß an technischer
Datensicherheit durch Verschlüsselung möglich
machen.
Man kann für Art.32 EU-Recht auch
argumentieren, dass bei Prüfung im Einzelfall
ein Höchstmaß an technischen
Datensicherheitsmaßnahmen erforderlich sein
kann. Da auch diese Rechtsnorm der EU-
Verordnung generell abstrakten Charakter hat,
ähnlich einem Gesetz, sind einzelne Fälle nicht
geregelt, aber man kann in diese Regelung
hineininterpretieren, was für den Einzelfall
gemeint sein könnte.
Da aber Art.32 EU-Recht eine Überprüfung,
Bewertung und Evaluierung auch der technischen
Maßnahmen zur Gewährleistung der Sicherheit der
Verarbeitung vorsieht, gelten diese

Vorschriften auch für die
Verschlüsselungstechniken. Dadurch kommt die
Quantenkryptografie als neue
Verschlüsselungstechnologie, die noch mehr
Sicherheit verspricht, stark in den Fokus der
Anwendung.

Aber der Aspekt der totalen Abhörsicherheit,
den die Quantenkryptografie verspricht, und die
auch das erklärte Ziel der ForscherInnen
darstellt, muss von der rechtlichen Seite
kritisch betrachtet werden:
Kann man aus rechtlicher Sicht überhaupt auf
eine solche Abhörsicherheit vertrauen? Muss man
denn nicht immer auch die Möglichkeit des
Missbrauchs bei Nutzung von Anwendungen in
gesetzlichen Regelungen beachten? Andererseits
kann man sich auch die Frage stellen, ob die
versprochene Abhörsicherheit überhaupt von
Bedeutung ist, da es bei der Schaffung und
Anwendung von Gesetzen immer um die praktischen
bzw. tatsächlichen Nutzungen geht.
Diese Thematik wirft solche
rechtsphilosophischen Betrachtungen auf.

ZUKUNFTSSZENARIEN

An dieser Stelle komme ich auf die vorgeschlagene Untersuchungsmethode näher zu sprechen, die Szenario Gestaltung.

SZENARIO 1: Es gelingt den ForscherInnen abhörsichere Verschlüsselungssysteme basierend auf Quantenkryptografie zu entwickeln, die Alltags tauglich sind, und breit angewendet werden können. Dieses Szenario wird in Verbindung mit den aufgeworfenen Fragen, ob die Quantenkryptografie tatsächlich eine wegen ihrer Abhörsicherheit nicht nur begehrte, sondern sogar benötigte neue Zukunftstechnologie sein wird, untersucht und v.a. auch in Verbindung mit den von vielen ExpertInnen als sicher bewertete gegenwärtig benutzte Verschlüsselungssysteme betrachtet.

Mögliche(rechtliche) Folgen möglicher(breiter) Anwendungen von Quantenkryptografie und Quantencomputer:

2004 wurde erstmals eine Banküberweisung mittels Quantenkryptografie (QCD) erfolgreich durchgeführt, doch zu einer breiten Anwendung kam es bisher nicht. In der Schweiz wurden die Daten eines Wahlergebnisses einer Regionalwahl mit QCD verschlüsselt.
Für die Zukunft ist die Anwendung der QCD in Bereichen von Banküberweisungen oder des online - Bankings ein möglicher Anwendungsbereich, darüber hinaus auch für die Verschlüsselung von Handys und Internetaktivitäten wie E-Mails, von

Gesundheitsdaten, von Computerdaten von
Unternehmen, Regierungen oder Wissenschaft, im
erwähnten Szenario 1 werde ich von diesen
Anwendungen ausgehen, d.h. diese Anwendungen
als Basis für das Zukunftsszenario verwenden.

In den letzten Jahren berichten Medien leider
auch von der Bedrohung unserer demokratischen
"westlichen Welt" durch islamistische
Terroristen bzw. radikale Islamisten, besonders
jene der IS (Islamischer Staat) in der Form,
dass diese unsere computerisierten Systeme
hacken könnten, z.B.: die Wasser- Energie- oder
Stromversorgung etc.
Jedenfalls scheint die zunehmende Durchdringung
und Umstellung unserer technischen Systeme von
und auf Computer auch eine große Gefahr möglich
zu machen, eine Angreifbarkeit durch jene, die
keine guten Absichten verfolgen.
Da außerdem gegenwärtig immer wieder berichtet
wird, dass Geheimdienste und
Hacker(gruppen)viele BürgerInnen, Unternehmen
bis hin zu Regierungen, SpitzenpolitikerInnen
etc. weltweit versuchen abzuhören bzw. Daten
und Informationen ausspionieren, sind dann
solche Technologien wie die QCD, die sogar
erstmals eine absolute abhörsichere
Kommunikation ermöglichen soll,
nicht ein Weg den Datenschutz zu sichern?

Aber auch mögliche negative Folgen von
Anwendungen müssen betrachtet werden,
beispielsweise, wenn Quantenkryptografie von
kriminellen Organisationen verwendet wird oder
im militärischen Bereich genutzt wird.

Ein Quantencomputer könnte also wie schon näher ausgeführt den Datenschutz bzw. die Datensicherheit gefährden, mögliche negative Folgen der Anwendung als Entschlüsselungsmaschine kann einerseits wie schon erwähnt theoretisch die Quantenkryptografie verhindern, andererseits könnte man auch rechtlich eingreifen, indem eine mögliche Entschlüsselung von Daten oder Dokumenten durch Quantencomputer explizit gesetzlich verboten wird und nur in Ausnahmefällen erlaubt wird. Diesen Punkt werde ich näher untersuchen. Ein solches Verbot sollte gerade auch für Geheimdienste gelten bzw. diskutiert werden.
Da die Entwicklung des Quantencomputers nur langsam voranschreitet, werde ich mich auch mit der Frage näher beschäftigen, ob und ab wann es denn sinnvoll ist, gesetzliche Regelungen gegebenenfalls zu erweitern, um mögliche negativen Folgen möglicher Anwendungen dieser neuen Technologie präventiv zu verhindern

Unter der Annahme von Szenario 2: Den ForscherInnen gelingt es einen Quantencomputer zu bauen, der die Kapazität hat, bisher existierende Verschlüsselungssysteme und die damit verschlüsselten Daten bzw. Dokumente schnell und leicht zu entschlüsseln, ohne dass die Quantenkryptografie wirklich abhörsicher ist. Daraus ergeben sich rechtlich relevante Fragen zu untersuchen, wie das erwähnte gesetzliche Verbot, Quantencomputer als

Entschlüsselungsmaschine nutzen zu dürfen und
v.a. die genannten Datenschutz- und
Datensicherheitsnormen sind dann besonders im
Augenmerk der Untersuchungen, reichen diese
dann aus? Können sie überhaupt schützen?

Als wichtigen Punkt möchte ich mich noch
auseinandersetzen mit der Tatsache, dass neue
Kommunikations- und Informationstechnologien
bereits heute über nationale Grenzen hinweg in
den Datenschutz eingreifen, daher stellt sich
die Frage, inwiefern nationale
Datenschutzgesetze überhaupt den Datenschutz
ihrer BürgerInnen ausreichend schützen können?
Die EU hat schon reagiert mit der neuen EU-
Datenschutzgrundverordnung, doch Datenschutz
ist in Zeiten der Digitalisierung längst eine
weltweite Angelegenheit, daher sollte es
internationale Regelungen geben, eine
internationale Datenschutzkonvention etwa.

Andere gesetzliche Regelungen, die durch die
mögliche Anwendung der neuen Technologien der
Quantenkryptografie und des Quantencomputers
betroffen sein könnten sind das
Strafgesetzbuch, das Börse Gesetz oder das
Wertpapieraufsichtsgesetz.
§ 118 österreichisches Strafgesetzbuch (STGB)
und folgende setzen sich mit der Verletzung der
Privatsphäre und bestimmter Berufsgeheimnisse
auseinander, d.h. es kann in gewissen Fällen
auch zu strafrechtlichen Konsequenzen führen.
Experten befürchten, dass durch das exzessive
weltweite Ausspähen von Daten aller Art von
Privatpersonen und v.a. auch Unternehmen,

Regierungen etc. durch die NSA und andere
Geheimdienste wirtschaftliche und politische
Entwicklungen beeinflusst werden können, auch
im negativen Sinne.

Teil III
DIE GESCHICHTE DER QUANTENKRYPTOGRAFIE

China hat am 16.8 2016 einen Satelliten ins All geschossen mit dem Ziel, erstmals Quantenkommunikation zwischen Weltraum und Erde zu ermöglichen. Gemeinsam mit Wiener Forschern und Forscherinnen sollen kryptografische Schlüssel mit quantenphysikalischen Phänomenen vom Satelliten zu Bodenstationen auf der Erde übertragen werden, und damit ein Modell für vollständig abhörsichere Datenverbindungen über bisher unerreichte Distanzen geschaffen werden. Quantenkryptografie wird als neue Verschlüsselungstechnik in den Fokus der Öffentlichkeit geraten, und man kann mitverfolgen, wie gut diese Technik sich verwirklichen lässt. Der Satellit soll die Erde 2 Jahre lang umkreisen.
Es wird 2 Bodenstationen geben, eine in Wien und eine in Graz. Auf ORF III in der neuen Sendung Quantensprung besuchte Andreas Jäger für die Sendung Anton Zeilinger in seinem Institut in Wien im Herbst 2016, der gemeinsam mit seinem Forschungsteam und chinesischen ForscherInnen dieses Forschungsprojekt durchführen wird. In diesen 2 Jahren soll die Quantenkryptografie in neuen Dimensionen getestet werden, und zwar auf eine Distanz von 1000 km. Bisher war die längste Distanz 144km. Ein Ziel ist die Errichtung eines

Quanteninternets mit einem weltumspannenden
Netz aus Satelliten und Stationen am Boden für
eine abhörsichere Kommunikation. Mittlerweile
gibt es mehrere Bodenstationen, in einigen
Städten in China, wie Peking oder Shanghai, in
Österreich gibt es neben die erwähnten 2 in
Graz und Wien, auch eine bei Linz, eine weitere
befindet sich auf Teneriffa, und eine andere
auf Kefalonia. Ziel ist es, ein umfassendes
Netz aus Bodenstationen in ganz Europa
aufzubauen, und letztlich auf der ganzen Welt.
Der Chinesische Forscher Jian Wai Pan, einer
der führenden Quantenphysiker Chinas, hat das
Forschungsprojekt mit dem chinesischen
Satelliten Micius entwickelt und mit anderen
umgesetzt. In einem Interview im Magazin
Spektrum - Die Woche, 51/2017 bezeichnete er
die Quantenkryptografie aufgrund seiner
Abhörsicherheit als die Technologie, die es
ermöglicht die Privatsphäre zu schützen, und
damit haben die Menschen, die Freiheit zu
denken, zu sprechen, zu schreiben und zu lesen.
Er berichtet, dass der chinesische Satellit
Micius ca. 50 Millionen Euro gekostet hat, und
er hofft, dass es in naher Zukunft deutlich
billiger wird, und dadurch wird es möglich in
ein paar Jahren noch weitere Quantensatelliten,
5,6,7 davon sollen dann in die Erdumlaufbahn
geschickt werden, wo sie zusammenarbeiten
sollen. Er erklärt auch, warum Satelliten für
die Quantenkryptografie die geeignete
Technologie sind für die Umsetzung. Die
Photonen, die wir nutzen, können zwar auch
durch die optischen Fasern laufen, aber sie
werden sehr stark abgeschwächt. Mehr als einige
100 Kilometer lang kann die Verbindung dann

nicht sein. Wenn die Kommunikation absolut
unknackbar sein soll, dann benutzt man für
jedes Bit an Information einen eigenen
Schlüssel, das heißt dann one-time-pad. Der
Schlüssel muss mit einer Frequenz von mehreren
Kilohertz erzeugt werden, mehrere tausend Bits
pro Sekunde, um ein Telefongespräch
abzusichern, sagt Wai Pan. Und weiter führt er
in dem Interview aus, dass der Satellit dies
bis zu 5 Minuten lang schafft, solange er in
Reichweite einer Bodenstation ist. Wenn man die
Quantenverschlüsselung aber mit klassischen
Methoden verknüpft, der AES-Kodierung, dann
reichen 128 Bit-Schlüssel für ganze Datenpakete
einer Videokonferenz, da sei im Moment noch
sicher genug, laut Wai Pan. Er prognostiziert,
dass die Quantenverschlüsselung in einigen
Jahren schon von Banken, Regierungen und
Botschaften benutzt werden kann, und „in 15
Jahren haben vielleicht auch normale Leute wie
sie und ich einen Chip im Smartphone, der
Quantenkryptografie nutzt". Ganz wesentlich ist
nun seine Erklärungen zum Quanteninternet.
Während man für den Chip im Smartphone
klassische Information absolut vertraulich
austauschen kann, weil die Verschlüsselung mit
den Methoden der Quantenphysik umgesetzt wurde,
braucht man für das Quanteninternet
quantenmechanische Information zum Austauschen
und zum Verarbeiten, wie die Teleportation und
die quantenmechanische Verschränkung. Doch in
dem Interview sagt er auch, dass die
QuantenphysikerInnen die Satelliten nicht nur
für eine weltweite sichere Quantenkommunikation
nutzen wollen, sondern auch um im Weltraum
Experimente durch zu führen, in denen es um die

80

Grundlagen der Physik geht. Es gibt beispielsweise mögliche Schlupflöcher, etwa das „freedom-of-choice" Schlupfloch, dabei geht es darum, dass Geräte, die zufällig polarisierte Photonen für Quantenschlüssel erzeugen, rein theoretisch einen gemeinsame Vergangenheit haben könnten, dass das scheinbar korrelierte Verhalten 2 verschränkter Teilchen erklärt, und dadurch die sogenannte spukhafte Fernwirkung, wie Einstein sie nannte, nicht mehr die passende Bezeichnung für das Phänomen wäre. Aber es geht gibt noch weitere Schlupflöcher, etwa das" collapse localitiy loophole" bei dem es darum geht, dass der Ausgang einer Messung erst dann feststeht, wenn es vom menschlichen Bewusstsein registriert wird. Durch die Positionierung eines Satelliten im geostationären Orbit können verschränkte Photonen zum Mond und zur Erde gesendet werden, führt der Quantenphysiker aus. Das klingt natürlich sehr spannend. Auch Experimente mit der Quantengravitation sollen eines Tages realisiert werden könne, wo es darum geht, Quantenphysik und Allgemeine Relativitätstheorie zu erforschen. Jian Wai Pan spricht davon, dass es die Vermutung gibt, dass die Schwerkraft der Quantenkommunikation ein Limit auferlegen könnte.

Laut Theorie bleibt die Verschränkung der Quantenphysik zwischen Teilchen unbegrenzt in Zeit und Raum erhalten. Doch nun wollen die ForscherInnen um Anton Zeilinger die Quantenkryptografie auf ganz große Distanzen testen, also den praktischen Test machen, ob die Verschränkung tatsächlich auch noch bei bis

zu 1000 km Distanz erhalten bleibt. Die
Forscherinnen und Forscher gehen zwar davon
aus, doch bewiesen ist dies noch nicht.
Am Satelliten werden aus einem
Lichtteilchen(Photon) 2 verschränkte
Lichtteilchen, diese werden zu den
Bodenstationen gesendet und dort entstehen dann
die Schlüssel für die Nachrichten, die
verschlüsselt übermittelt werden sollen, wobei
jedes Bit mit einem verschränkten Photonenpaar
verschlüsselt wird, d.h. der Schlüssel muss so
lange sein, wie die Nachricht in Bit ist.
Die Forscherinnen und Forscher haben in Wien
auf eine Distanz von 8km ausprobiert, ob der
Laserlichtstrahl auch tatsächlich die
Erdatmosphäre durchdringen kann. Da dieses
Experiment erfolgreich gelungen ist, sind sie
sicher, dass die Lichtteilchen vom Laser am
Satelliten bis zu den Bodenstationen auf der
Erde gelangen können.
Das Problem ist nur die Luft in der
Erdatmosphäre, ansonsten sollte der Laserstrahl
nicht aufgehalten werden können.
Interessant für mich war auch die Aussage des
Doktoranden von Anton Zeilinger, der auch an
diesem Projekt mitarbeitet. Er meinte die
Abhörsicherheit ergibt sich daraus, dass die
Verschränkung von den Teilchen durch eine
Messung zerstört wird, die ein Abhörer machen
müsste, um an den Schlüssel zu gelangen, und
der Schlüssel wird weggeworfen.
Andere Wissenschaftler arbeiten mit anderen
Methoden der quantenphysikalischen
Verschlüsselung. In einem Artikel von Bild der
Wissenschaften vom Dezember 2015 wird Harald
Weinfurter zitiert, der meinte, dass er und

sein Team nicht mit Einzelphotonen und verschränkten Photonen arbeiten, weil sie zu schwierig zu erzeugen sind und für die Miniaturisierung ungeeignet sind. In dem Artikel heißt es:" Die zentnerschweren vibrationsgeschützten optischen Labortische, die früher in den Labors der Quantenphysiker standen, um Einzelphotonen zu erzeugen sind passe. Im Labor an der Ludwig-Maximilians-Universität in München kommen die Photonen aus einer Laserdiode mit Mikrooptik, gesteuert von einer kleinen elektronischen Schaltung. Im Prinzip ist es nichts Anderes als ein raffinierter Laserpointer. (…) Statt horizontal und vertikal verschränkte Photonen zu erzeugen, wie bei den Systemen mit Verschränkung, arbeiten die Münchener mit nicht-orthogonaler Polarisation-also mit Polarisationswinkel von 45 Grad oder noch krummeren Werten. Ein Angreifer, der den Quantenkanal abhören will, hat dadurch ein Problem: Er muss sich entscheiden, ob er die horizontale oder die vertikale Polarisationsrichtung messen will. Doch seine Messung sagt nichts über die reale Polarisation aus, denn die kann auch leicht gegen diese Orientierung gekippt sein. Statt sinnvolle Informationen zu gewinnen, sammelt der Angreifer nur Messwerte, von denen er nicht weiß, ob sie richtig oder falsch sind. Die Fehlerrate steigt in der Folge deutlich an-Sender und Empfänger sind gewarnt. Mehr noch: Sie können anhand der Fehlerrate abschätzen, wie viel Information der Angreifer maximal abgehört hat. Dann hilft eine Unterbrechung der Schlüsselübertragung. Oder Sender und Empfänger einigen sich auf kürzere Schlüssel. Mit dieser

Strategie wäre der Angriff der kanadischen
Forscher aus Toronto, die gezeigt haben, dass
Abhörversuche von Quantenkryptografie doch
nicht bemerkt werden, abgewehrt. Sie hatten die
Fehlerrate unter die Warnschwelle gedrückt, die
in den Geräten von ID Quantique voreingestellt
ist. Das Schweizer Unternehmen verkauft seit
2004 kommerzielle Quantensysteme, insbesondere
an Banken, und ist weltweit führend auf diesem
Gebiet.
Auch am AIT (Austrian Institute of Technology)
in Wien macht das Team von Martin Stierle große
Fortschritte. Es ist den Forschern dort
gelungen, die Schlüssel quantenkryptografisch
gesichert auf einer Glasfaser zu übermitteln,
auf der parallel normaler Datenverkehr für
Internet und Telefonie läuft. Der Quantenkanal
nutzt dabei eine andere Lichtwellenlänge (1310
Nanometer) als der Telekommunikationskanal
(1550 Nanometer). Auch Stierle arbeitet an
miniaturisierten Systemen, die ohne
verschränkte Photonen auskommen. Doch
marktfähig werden solche Systeme erst, wenn sie
auf einen Chip passen, meint er.
Diese genannten Informationen liefert dieser
Artikel und gibt damit einen breiten Einblick
in aktuelle Entwicklungen der
Quantenkryptografie.

Die Gruppe um Anton Zeilinger gemeinsam mit dem
chinesischen Forschungsteam haben also eine
neue Dimension der quantenkryptografischen
Forschung mit Hilfe eines Satelliten begonnen.
Es wird die nahe Zukunft zeigen, welche
Ergebnisse sie erzielen werden, und inwiefern
dies die Entwicklung von Quantenkryptografie

weiterbringt. Jedenfalls ist die
Abhörsicherheit von Quantenkryptografie keine
solche Selbstverständlichkeit wie die Forscher
aufgrund der Theorie fest annahmen.
Ich habe den Assistenten von Anton
Zeilinger angemailt und gefragt, ob er sich
wirklich so sicher ist, dass die Methode, die
sie gewählt haben, abhörsicher ist. Ich habe
die erfolgreichen Angriffe auf
Quantenkryptografie erwähnt.
Er meinte, dass diese eben die BB84 Protokolle
betreffen, Forschungen mit einzelnen Photonen.
Und er hat geschrieben, dass das Problem der
Sicherheit auch die sogenannten Seitenkanäle
betrifft, etwa, dass der ganze Computer
abgehört wird.
Diese Sendung Quantensprung über das Projekt
der Forschungsgruppe von Anton Zeilinger in
Zusammenarbeit mit China hat für mich auch eine
wichtige Information gebracht,
interessanterweise sehen die Wiener Physiker
die Schauspielerin Hedy Lamarr, die im November
1914 in Wien geboren wurde, als Vorreiterin der
Quantenkommunikation. Denn sie hat außer ihrer
Hollywood Karriere, auch eine als Erfindern
gemacht, indem sie gemeinsam mit einem Partner
das Frequenzsprungverfahren entwickelt hat.
Heute sorgt ihre Erfindung für die
störungsfreie und abhörsichere Nutzung von
Handys.
Ich füge jetzt eine Aktualisierung zu dem
österreichisch-chinesischen Experiment um den
Quantenphysiker Anton Zeilinger hinzu: Bereits
im Mai 2017 ist es ForscherInnen gelungen
verschränkte Photonen vom Satelliten auf die
Bodenstationen auf der Erde zu senden über die

Distanz von ca. 1200 km. Das hat eine doch einschneidende Veränderung bedeutet für die Quantenkryptografie, da nun bewiesen wurde, dass die Verschränkung über diese weite Distanz von über 1000km erhalten bleibt. Zudem wurde im September 2017 berichtet, dass Anton Zeilinger ein Telefonat mit einem chinesischen Forscherkollegen mit Quantenkryptografie verschlüsselt wurde. Der Quantenphysiker Jian Wai Pan erklärt das in dem am Beginn dieses Kapitels zitierten Interviews so: „In China können 2 Bodenstationen in 1200 Kilometern Entfernung gleichzeitig Signale des Satelliten empfangen, also auch einen gemeinsamen Quantenkode. Außerdem haben wir im September 2017 eine Videokonferenz mit unseren Kollegen von der Österreichischen Akademie der Wissenschaften in Wien gemacht. Sie war mit einem Kode verschlüsselt, den wir mit Hilfe des Micius-Satelliten ausgetauscht haben. Letztendlich haben wir so über eine Entfernung von 7600 km quantenverschlüsselt kommuniziert." Auf meiner Homepage www.thaya.one berichte ich von diesen neuen Entwicklungen unter NEUES.

Es gab wie schon erwähnt in der Vergangenheit von verschiedenen Forschern erfolgreiche Angriffe auf quantenkryptografische Systeme, und zwar auch ganz unterschiedliche Formen von Angriffen, und da sie erfolgreich waren, haben die in der Vergangenheit entwickelten quantenkryptografischen Anwendungen viele Schwachstellen, allerdings wurden diese Schwachstellen schonungslos offengelegt, und dadurch konnten die Forscherinnen und Forscher die Quantenkryptografie weiterentwickeln. So

sehr weiterentwickeln, oder so gut, dass die
Forscherinnen und Forscher heute überzeugt
sind, dass sämtliche Schwachstellen erfolgreich
beseitigt werden konnten und können.
Allerdings sagte mir ein Quantenphysiker, dass
die Anwendung von Quantenkryptografie mit
verschränkten Photonen abhörsicherer ist als
mit einzelnen Photonen. Genau auf letztere
waren die Angriffe erfolgreich, die
Verschränkung jedoch macht die
Quantenkryptografie abhörsicher.
Erklärt wurde natürlich in der Fernsehsendung
auch das quantenphysikalische Phänomen der
Verschränkung. Aus einem Laser werden aus
einzelnen Photonen verschränkte Photonenpaare
gemacht, verschränkt wird die horizontale
Polarisation des Lichts, also die
Ausbreitungsschwingungsrichtung des Lichts.
Wenn man an einem der verschränkten Teilchen
eine Messung macht, wird sofort und
gleichzeitig auch am anderen Teilchen die
korrelierte Eigenschaft messbar, ohne dass die
Teilchen miteinander eine räumliche, direkte
Verbindung haben. Einstein nannte dieses
Phänomen spukhafte Fernwirkung, da die Teilchen
räumlich getrennt sich, Quantenphysikerinnen
und Quantenphysiker bezeichnen das als
nichtlokal. Aber die Teilchen verhalten sich so
als würden sie sich gegenseitig und direkt
beeinflussen.
Eigentlich steht diese Verschränkung in
Widerspruch mit der Relativitätstheorie von
Einstein, da nichts sich schneller als Licht
bewegen kann. Doch da die Messung am Teilchen
ein rein zufälliges Ergebnis liefert, ist laut
den Worten von Anton Zeilinger auch die

Relativitätstheorie von Einstein gerettet.
Doch Einstein mochte auch den Zufall der
Quantenphysik nicht, der berühmte Satz vom ihm:
Gott würfelt nicht, wird oft zitiert.
Anton Zeilinger selber ist bekannt geworden, da
es ihm gelungen ist erstmals 1997 Eigenschaften
von einem Lichtteilchen auf ein anderes zu
übertragen. Diesen Vorgang nannte er
Teleportation. Und es ist ihm gemeinsam mit
Horne und Greenberger gelungen mehr als 2
Teilchen miteinander zu verschränken.
Anton Zeilinger spricht von der 2.
Quantenrevolution, die heute stattfindet mit
einzelnen Teilchen, Zufall, und Nichtlokalität.
Spannend ist auch, dass Anton Zeilinger erzählt
hat in dieser Sendung, dass Anfangs an der
Universität Wien das Unterrichtsfach nicht
Physik, sondern Naturphilosophie hieß, und
statt experimenteller Physik, experimentelle
Naturphilosophie.
Doch auch Anton Zeilinger ebenso wie andere
Physiker und Physikerinnen haben Interesse an
philosophischen Fragen. Unerklärlich ist immer
noch diese spukhafte Fernwirkung von Teilchen,
wieso diese Teilchen also verschränkt sind.
Am Ende der Sendung philosophiert Anton
Zeilinger noch, dass die Quantenphysik unsere
Sicht auf die Welt ändern könnte,
beispielsweise die Vorstellung von Raum und
Zeit, dass 2 Orte nicht so voneinander entfernt
sind, wie wir denken, oder dass wir mehr
Einfluss haben auf die Wirklichkeit als wir
dachten.
Dagmar Bruss schreibt in ihrem Buch:
Quanteninformation: "In den 80iger Jahren des
vergangenen Jahrhunderts gab es jedoch einen

entscheidenden Schritt in der Kryptografie,
nämlich die Idee, Quantensignale zu verwenden."
Die Erkenntnis, die Eigenschaften der
Quantenmechanik für die Kryptografie zu nutzen,
bezeichnet die Autorin und Quantenphysikerin
als revolutionären Schritt.
"Grundlegende Ideen zur Verwendung von
Prinzipien der Quantenphysik im Zusammenhang
mit Verschlüsselungstechniken finden sich
bereits 1970 in einer Arbeit von S. Wiesner
über "konjugiertes Verschlüsseln", die erst
1983 veröffentlicht wurde, schreibt sie
weiter." Darin stellt er die Idee der
fälschungssicheren Banknoten dar. Im Jahr 1984
entwickelten C.Bennett und G.Brassard am
Forschungszentrum von IBM in New York ein
Quanten-Verfahren zur sicheren
Schlüsselübertragung, das als BB84 Protokoll
bekannt wurde," berichtet Dagmar Bruss. Sie
geht ganz klar in ihrem Buch davon aus, dass
die Quantenkryptografie aufgrund ihrer
physikalischen Prinzipien abhörsicher ist.
Sehr informativ ist ihr Buch in Hinblick auf
die historische Entwicklung der
Quantenkryptografie. Sie berichtet, dass das 1.
Experiment zur Quantenkryptografie von
C.Bennett selbst durchgeführt wurde 1989 am IBM
Forschungslabor in New York mit einem
Schlüsselaustausch von polarisierten Photonen
über eine Distanz von 30 cm. Wie bereits vorhin
erwähnt ist die Distanz des
Schlüsselaustausches weit größer geworden, bis
zu 144km funktioniert dies bereits seit Jahren
im Experiment, und seit 2017 sogar bis zu einer
Distanz von über 1000km.
Die Übertragung gelingt mittels Glasfaser.

Aber Harald Weinfurter an der Universität
München ist die Schlüsselübertragung im freien
Raum gelungen, nämlich in den Alpen von der
Zugspitze zur Karwendelspitze.

Beachtenswert ist das auch deswegen, weil
dieses quantenphysikalische Experiment draußen
in der Natur gemacht wurde, üblicherweise - und
bedauerlicherweise so finde ich-ist das eine
seltene Ausnahme, da Experimente in der

90

Quantenphysik aufgrund ihrer physikalischen Gegebenheiten, sprich der kleinen und kleinsten Teilchen, und des Einsatzes von Lasern in abgedunkelten Räumen stattfinden. An der Universität Wien werden zu diesem Zwecke auch Kellerräume genutzt, dort sind dann die Laser und andere Geräte, wie Interferometer, aufgestellt, um die Experimente durchführen zu können.
Die Gruppe um Harald Weinfurter hat es sich zum Ziel gesetzt durch Satelliten die Freiraumquantenkryptografie des Schlüsselaustausches weiterzuentwickeln.

Der Quantenphysiker Andreas Poppe hat mir im Frühling 2015 bei einem Gespräch erzählt, dass 1995 erstmals verschränkte Photonenpaare in Innsbruck erzeugt wurden. Der Schlüssel wird durch Photonenpaare auf beiden Seiten gleichzeitig erzeugt. Ziel ist langfristig, dass Quantenkryptografie über längere Distanzen möglich wird, und dass mehr Daten verschlüsselt werden können. Ein Charakteristikum der Quantenphysik hat er mir gegenüber auch angesprochen, das Interferometer. Dieser macht die Interferenzstreifen sichtbar, die entstehen, wenn bei einem Experiment durch 2 oder mehrere Spalte mehrere Teilchen geschickt werden. Laut klassischer Physik müsste ein Teilchen immer einen bestimmten Weg nehmen, entweder durch einen Spalt oder durch den anderen Spalt, um dann am Schirm aufzutreffen. Das typische an der Quantenphysik ist aber, wenn man keine Information darüber hat, welchen Weg das Teilchen nimmt, dieses quasi durch beide Spalte gehen kann, sich wellenförmig ausbreitet, und das bedeutet, dass am Schirm, Interferenzstreifen sichtbar werden, die man nur bei einer wellenförmigen Ausbreitung sehen kann. Weiß man allerdings, welchen Weg das Teilchen genommen hat, dann ergibt das am Bildschirm ein klassisches Bild, und keine Interferenzen. Wichtig ist, dass das System Information hat, erklärt mir Andreas Poppe, auch wenn der Experimentator keine Information hat. Aber Interferenzen zu erzeugen ist schwer, bei der Quantenkryptografie weiß man allerdings dann, wenn die Information nicht ankommt, dass irgendwo ein Abhörer ist, das muss kein Mensch sein. Die Folge ist, man sendet dieses Bit nicht. Es gibt zwar immer eine Fehlerrate bei der Erzeugung des quantenkryptografischen Schlüssels, doch diese ist gering, wenn es einen Abhörer gibt, ist diese deutlich höher, und daher ein Alarmsignal.

Die Autoren des Projekts Perspektiven der Quantentechnologien der deutschen Akademie der Wissenschaften und der deutschen Akademie der Technikwissenschaften schreiben in Kapitel 2.1 Sicherheitsaspekte der Quantenkryptografie: „Die ältesten und am besten untersuchten Verfahren der Quantenkryptografie sind das BB84-und das Eckert-Protokoll. Ersteres verwendet einzelne, letzteres verschränkte Photonen. Die Sicherheit der beiden Protokolle konnte bereits unter sehr allgemeinen Voraussetzungen bewiesen werden, jedoch ist ihre praktische Umsetzung schwierig, da die experimentellen Anforderungen sehr hoch sind. Die Umsetzung des dreistufigen Verfahrens hat allerdings technische Grenzen. Vor allem die

Lichtübertragung leidet unter Signalverlusten und Übertragungsfehlern. Da diese Fehler immer auch als Zugriffsversuch eines Lauschers gedeutet werden können, müssen die Messdaten weiterverarbeitet werden, um die Fehler zu beseitigen und einer eventuellen Kenntnis des Mithörers von Teilen des Schlüssels entgegenzuwirken."
Die Physiker weisen aber immer wieder auch auf Seitenangriffskanäle hin, wie beispielsweise, dass Stromverbrauch und Rechendauer der technischen Geräte Rückschlüsse auf den Schlüssel erlauben. Mit geräteunabhängigen Protokollen will man diese Seitenkanalangriffe in den Griff bekommen.
Auf diesen Punkt der problematischen Seitenkanäle komme ich etwas später noch einmal zurück.

Der Quantenphysiker Andreas Poppe (Forschungsschwerpunkt Quantenkryptografie) - mit dem ich einmal ein längeres Gespräch geführt habe über Quantenkryptografie- und Kollegen schreiben:

" Schlagworte wie Datensicherheit und Verschlüsselung erlangen im Zeitalter des Internets immer mehr an Bedeutung, zumal viele sicherheitskritische Transaktionen vornehmlich elektronisch durchgeführt werden. Bei einem Banktransfer beispielsweise muss sichergestellt werden, dass niemand die übermittelten Daten unbemerkt einsehen, geschweige denn modifizieren kann. Die bislang eingesetzten klassischen kryptografischen Verfahren, um eine sichere Verbindung zwischen zwei

Kommunikationspartnern aufzubauen, lassen sich in asymmetrische und symmetrische Protokolle einteilen. Bei ersterem Typ (z.B. RSA) generiert jeder Teilnehmer einen öffentlichen Schlüssel (public key), mit dem jeder Sender seine Daten verschlüsseln kann, sowie einen geheimen privaten Schlüssel (private key), der zum Entschlüsseln verwendet wird. Die Sicherheit dieser Verfahren beruht alleine auf der Tatsache, dass ein enormer Rechen- und Zeitaufwand nötig ist, um den geheimen Schlüssel herauszufinden, wird jedoch durch die Verfügbarkeit immer schnellerer Rechner und Algorithmen relativiert, insbesondere das Aufkommen von Quantencomputern gefährdet klassische asymmetrische Verschlüsselungsverfahren, da die entscheidenden Rechenoperationen in wesentlich kürzerer Zeit durchgeführt werden können. Bei symmetrischen Verfahren (z.B. DES und AES) verwenden Sender und Empfänger einen gleichen Schlüssel. Dieses Verfahren kann durch Quantencomputer nach heutigem Wissensstand nicht einfach entschlüsselt werden, allerdings muss die gemeinsame Bitfolge vorher vereinbart oder ausgetauscht werden. Dies wiederum geschieht meist über eine asymmetrisch verschlüsselte Verbindung (z.B. mit PKI - Strukturen). Für diese Verteilung von geheimen Schlüsseln ist die Quantenkryptografie sehr gut geeignet.
Im starken Gegensatz dazu ist die informationstechnische Sicherheit nur dann gewährleistet (One-time-Pad), wenn jeder Schlüssel nur einmal verwendet wird und nur völlig zufällige Bitfolgen enthält (Vernam

1926). Dieses Theorem wurde von Shannon informationstechnisch bewiesen (Shannon 1949). Das Problem reduziert sich also auf den laufenden Austausch eines sicheren Schlüssels, der entweder direkt verwendet oder bei großem Datenaustausch mit symmetrischen Verfahren dementsprechend vergrößert wird und dabei etwas an Sicherheit verliert. Zusätzlich muss beachtet werden, dass nachkommende Computergenerationen mit höherer Performance die zurzeit standardmäßig verschlüsselten und vom Abhörer gespeicherten Daten offenlegen könnten. Daher muss bei der Übertragung von besonders kritischen, langlebigen Daten größte Sorgfalt eingehalten werden. Deshalb macht häufiger Wechsel des symmetrischen Schlüssels Sinn, um bei erfolgreicher Dechiffrierung durch den Gegenspieler möglichst wenige Daten zu verlieren.

Verglichen mit klassischen Verfahren ergeben sich bei der Quantenkryptografie zwei wesentliche Vorteile: Zum einen ermöglichen Quanteneffekte die Erzeugung vollkommen zufälliger Schlüssel und zum anderen deren abhörsichere Übertragung. Quantenkryptografie (Quantum key distribution, QKD) bietet den jeweiligen Kommunikationspartnern eine Möglichkeit, Schlüssel laufend zu generieren. Die Sicherheit der Übertragung wird von fundamentalen Gesetzen der Quantenmechanik garantiert und bleibt unbeeinflusst von technologischen Fortschritten wie schnellere Rechner oder Quantencomputer."

Teil IV
Quantenphysik, Philosophie und Feminismus

FEMINISTISCHE, WISSENSCHAFTLICHE ASPEKTE:

Ein Beispiel:
Das österreichische Datenschutzgesetz beginnt in §1 beim Grundrecht auf Datenschutz in (1) mit: " Jedermann........, aber auch in (3) steht " Jedermann hat.... die Formulierung Jedermann ist weder geschlechtsneutral noch bezieht es in der Formulierung Frauen mit ein. Hierbei geht es mir um die nicht geschlechtergerechte Sprache. Sprache drückt meines Erachtens auch aus, wie Menschen in einer Gesellschaft miteinander umgehen, und die Wortwahl in der Sprache zeigt auch, wie Menschen denken, deshalb halte ich die Inhalte einer Sprache, wie formuliert wird, für sehr aussagekräftig. Doch zu diesem Thema komme ich in einem späteren Kapitel noch eingehender zu Sprechen.
Ein anderer feministischer Aspekt ist die kritische Auseinandersetzung mit den als objektiv bewerteten Naturgesetzen. Waltraud

Ernst schreibt in ihrer Dissertation zum Thema
epistemologische Möglichkeiten einer
feministischen Konzeption der Wissenschaften:
"Zur Kritik der Begriffe "Erfahrung",
"Objektivität" und "Konstruktion": Einer der
zentralen Ansatzpunkte feministischer
Wissenschaftskritik war das Bemühen, die
ideologischen Inhalte des Begriffs der
Objektivität aufzudecken. Feministische
Theoretikerinnen zeigten, dass
wissenschaftliche Objektivität keine "wahren"
Erklärungen der Wirklichkeit garantiert,
sondern dass der Objektivitätsbegriff selbst
die Konstruktion androzentrischen Wissens
legitimiert." Auch führt sie in ihrer
Dissertation an anderer Stelle aus, dass gerade
auch abstrakte physikalische Theorien in
komplexen Konstruktionsverhältnissen zu
betrachten sind, in denen wissenschaftliches
Wissen und soziale Wirklichkeit (ent-)steht und
sich verändert, bzw. verändert wird. Dies
bestätigt von neuem meine These, dass Natur
nicht außerhalb dieser sozialen Wirklichkeit
steht, sondern in den Naturwissenschaften als
Teil sozialer Wirklichkeit konstruiert wird.
Das heißt, wie Natur beschrieben und bestimmt
wird, ist Teil des soziokulturellen Prozesses
Wissenschaft und historisch variabel. Eine
Natur außerhalb dieses sozialen
Konstruktionsrahmens gibt es,
wissenschaftstheoretisch betrachtet, nicht, da
-wie ich gezeigt habe-die Naturwissenschaften
gerade die Autorität beanspruchen und
zugestanden bekommen, genau diesen Rahmen

abzustecken. Dies legt einen sozialen Begriff
der Natur nahe." S. 117, 118 ihrer
Dissertation.

Von Beginn meiner intensiven Auseinandersetzung
mit Physik im Jahr 2004 war ich sehr skeptisch
in Bezug auf die als objektiv bewertete Methode
in der Naturwissenschaft Physik. Ich meine,
dass Menschen grundsätzlich nur in begrenzten
Maße zu einer echten Objektivität fähig sind,
da subjektive Einflüsse immer eine Rolle
spielen, historische, psychologische und
soziologische Einflussfaktoren sind subjektive
Elemente, denen sich kein Mensch entziehen
kann, und von daher ist gewonnenes Wissen aus
der Kombination von Theorie und Experiment
meiner Meinung nach nicht absolut und allgemein
gültig.
In diesem Zusammenhang ist es interessant die
historische Entwicklung der Quantentheorie zu
betrachten: den Anfang machte Max Planck um
1900, bis hin zur theoretischen Grundlage im
Jahr 1926 durch die Schrödingergleichung oder
die Unschärferelation von Heisenberg vergingen
Jahrzehnte, zwischen den beiden Weltkriegen
waren es v.a. Forscher aus Europa und den USA
die die Quantentheorie entwickelten, erst lange
nach den Weltkriegen ab den 1970iger Jahren,
besonders intensiv ab den 1990igern Jahren
wurden dann Quantentechnologien geschaffen vom
Transistor über den Laser, der
Kernspintomografie und schließlich die
Quantenkryptografie und nun wird auch an der
Realisierung eines Quantencomputers in den
Labors weltweit gearbeitet. Erst nach den
beiden Weltkriegen wurde die Forschung an der

98

Quantenphysik weit über Europa hinaus betrieben, besonders am Kontinent Amerika, vorwiegend in den USA, aber längst auch schon in Asien, da wiederum hauptsächlich in Japan, China oder Singapur. Den soziohistorischen und soziokulturellen Ansatz anwendenden, fällt auf, dass nur hochentwickelte Staaten an Quantenphysik arbeiten, und dass an der Entstehung der Quantenphysik Frauen anscheinend keine Rolle spielten, mit zunehmend erkämpften Frauenrechten forschen endlich auch mehr Frauen in diesem Forschungsbereich mit.

Letztendlich gelangt Waltraud Ernst zu der Auffassung, dass es sich für eine feministische Konzeption der Wissenschaften als fragwürdig erweist, jegliches Ideal von Objektivität anzunehmen. Im Klartext heißt das, sie verabschiedet sich von der Bewertung und dem Begriff der Objektivität in sämtlichen Wissenschaften.
Diese Ausführungen von der Philosophin Waltraud Ernst, die sich in ihrer Dissertation auch mit anderen feministisch forschenden Wissenschaftlerinnen beschäftigt hat, haben sich aber weder in der Lehre und Forschung der Physik an den Universitäten etabliert, noch wurde die feministische Kritik überhaupt beachtet. Es gibt höchstens einzelne Physikerinnen, die einen feministischen Standpunkt entwickelt haben, wie beispielsweise Karen Barad, die sich kritisch mit der Interpretation der Quantentheorie auseinandergesetzt hat v.a. mit der Kopenhagener Deutung ausgehend von dem bekannten Physiker Niels Bohr.

Physiker zu Objektivität

Erwähnenswert ist gerade im Zusammenhang mit
der Deutung von physikalischen Theorien die
Aussagen von dem Physiker Pierre Duhem, der in
seinem Werk: Ziel und Struktur von
physikalischen Theorien, zwei unterschiedlichen
Definitionen einer physikalischen Theorie
ausführlich beschreibt. Knapp zusammengefasst
sagen die einen, dass eine physikalische
Theorie ein abstraktes System ist, welches eine
Gruppe experimenteller Gesetze zusammenzufassen
und logisch zu klassifizieren hat, ohne jedoch
den Anspruch zu erheben, diese Gesetze zu
erklären. Für die anderen Denker hingegen
schreibt Pierre Duhem, hat eine physikalische
Theorie die Erklärung einer Gruppe
experimentell festgestellter Gesetze zum Ziel.
Und obwohl Pierre Duhem von 1861 bis 1916
gelebt hat, gilt sein Werk in der modernen
Wissenschaftstheorie immer noch nicht als
überholt.
Für mich als Juristin ist in Bezug auf meine
Auseinandersetzung mit den Auswirkungen der
Quantenkryptografie durchaus relevant, zu
verstehen, was denn eine physikalische Theorie
wirklich leisten kann. In jedem Fall muss sie
Bezug nehmen auf Analysen von bestimmten
experimentellen Ergebnissen. Es scheint auch
keine spezielle quantenkryptografische Theorie
zu geben, sondern aus der Quantenphysik bzw.
der quantenphysikalischen Theorie und deren
Experimenten wurde die Quantenkryptografie
entwickelt.
Von besonderer Bedeutung für mich ist

allerdings, dass Experimente über
Quantenkryptografie immer weiterentwickelt
wurden, um sie auch tatsächlich anwenden und
nutzen zu können.
Diese Schwelle also vom reinen Experiment im
Labor hin zu einer praktischen Anwendung im
Alltag scheint genau dieser Bereich zu sein,
der dann rechtlich bereits in den Blickpunkt
rückt, wo also das Rechtssystem anwendbar wird.

Wieso wird beispielsweise überhaupt von einer
Theorie der Abhörsicherheit von
Quantenphysikerinnen und Quantenphysikern
gesprochen? Der Begriff der Abhörsicherheit
wird von den Quantenphysikerinnen und
Quantenphysikern als Beschreibung eines
Naturvorgangs verwendet, man könnte in weiterer
Folge auch von einer Beschreibung eines
naturwissenschaftlich-technischen Vorgangs
sprechen, da die Quantenkryptografie bereits
eine neue Technologie darstellt. Und nun wird
es insofern rechtswissenschaftlich interessant,
da der Begriff der Abhörsicherheit auch eine
andere Dimension hat, nämlich eine
gesellschaftliche Relevanz bezgl. der
Sicherheit und des sicheren Austausches von
Daten und Informationen vor unerwünschten
Abhörangriffen. Datensicherheit, die ja
gesetzlich geregelt ist, ist auch mit Hilfe von
technologischen Mitteln zu gewährleisten, und
nicht nur durch rechtliche Vorgaben von
erwünschten und unerwünschten menschlichen
Verhaltensweisen. Also entfaltet der Begriff
der Abhörsicherheit eben auch eine soziale
Wirksamkeit.

Werner Heisenberg schreibt in seinem Buch: "Der
Teil und das Ganze" über die Diskussion unter
anderen auch mit Niels Bohr über die Verwendung
der Sprache zur Beschreibung von Phänomenen der
Physik. "Naturwissenschaft besteht darin, daß
man Phänomene beobachtet und das Ergebnis
anderen mitteilt, damit sie es kontrollieren
können. Erst wenn man sich darüber geeinigt
hat, was objektiv geschehen ist oder immer
wieder regelmäßig geschieht, hat man eine
Grundlage für das Verständnis. Und dieser ganze
Prozeß des Beobachtens und Mitteilens geschieht
faktisch in den Begriffen der klassischen
Physik. (….) Es gehört zu den
Grundvoraussetzungen unserer Wissenschaft, daß
wir über unsere Messung in einer Sprache reden,
die im Wesentlichen die gleiche Struktur hat
wie die, mit der wir über die Erfahrungen des
täglichen Lebens sprechen. Wir haben gelernt,
daß diese Sprache nur ein sehr unvollkommenes
Instrument ist, um uns zurechtzufinden und zu
verständigen. Aber dieses Instrument ist
gleichwohl die Voraussetzung unserer
Wissenschaft, so gibt Heisenberg die Worte
seines Freundes Niels Bohr wieder, der damals
als das Gespräch stattfand im Jahr 1933
Professor der Physik war.
Für mich als Juristin ist die Sprache ein noch
viel wesentlicher Bestandteil der Wissenschaft,
und auch die Genauigkeit der Begriffe ist von
größter Bedeutung. Deshalb die auch der Begriff
der Abhörsicherheit sehr zentral in Bezug auf
die Auseinandersetzung mit Quantenkryptografie
und dem Datenschutzgesetz.

2 Physiker, eine Physikerin und ein Mediziner

haben eine Flugschrift herausgegeben, in dem sie sich kritisch mit den Naturwissenschaften allgemein beschäftigen, und besonders mit der Physik.

Sie schreiben: " Die Frage etwa, ob die naturwissenschaftlich gewonnenen Aussagen wirklich Wahrheitscharakter beanspruchen können, ist in unserem Zusammenhang nicht entscheidend. Interessant scheint vielmehr, dass Naturwissenschaft diesen Wahrheitscharakter beansprucht und damit Herrschaft ausübt. Der Ansatz unserer Kritik ist somit ein herrschafts- oder ideologiekritischer. Ebenso wie in den Geisteswissenschaften werden auch naturwissenschaftliche Aussagen mitbestimmt durch den historisch-gesellschaftlichen Kontext und durch die aussagende Person selbst, kurz, von der Situation d.h. sie sind nach dem herrschenden Begriff nicht objektiv. Aus dieser Einsicht folgt sofort die Verantwortung der Naturwissenschaft, indem sie sich nicht mehr auf das bloße Entdecken von Wahrheit beziehen kann."

Zusätzlich beschäftigen sie sich auch näher mit ihrer These, dass jede Aussage, eben auch die naturwissenschaftliche eine Funktion hat, sie führen aus, was sie damit meinen:" Beim Beispiel der politischen Aussage ist ihre Funktion deswegen so offensichtlich und relativ unbestritten, weil sie häufig als Meinung, und damit abhängig vom Aussagenden, erkennbar ist. Meinungen, Ansichten sind subjektiv geprägt und im Diskurs erkennbar zweckgerichtet, über sie kann man streiten. Bei einer als objektiv deklarierten Aussage dagegen wird eine solche

subjektive Prägung der Aussage, eine Funktion
oder auch nur Funktionalisierbarkeit geleugnet.
Objektive Aussagen sind einfach wahr, über sie
zu streiten erscheint ebenso unsinnig, wie über
das Fallgesetz zu streiten. Der Nachweis, dass
eine Aussage über ihren bloßen Inhalt hinaus
bestimmte Funktionen erfüllt, macht die Aussage
diskutabel und angreifbar. Die Funktion der
Deklaration einer Aussage als objektiv besteht
somit darin, durch die Leugnung der Funktion
der Aussage die Aussage unangreifbar und
erhaben über jeden Diskurs zu machen. Beim
Fallgesetz ist diese Unangreifbarkeit nicht
unbedingt von Bedeutung, ganz anders aber
beispielsweise bei der Aussage: Kernkraftwerke
sind sicher, die mit demselben
Objektivitätsanspruch getroffen wird wie das
Fallgesetz."
Ebenfalls in diese Kategorisierung des
Objektivitätsanspruchs, so meine ich, fällt die
Aussage der Quantenphysikerinnen und
Quantenphysiker, dass die Quantenkryptografie
abhörsicher ist, da auf die Naturgesetze
verwiesen wird, womit man daraus schließen
kann, dass es sich um diese Art von
Herrschaftsanspruch handelt, eine auf
Naturgesetze basierende Erkenntnis deshalb als
unangreifbar und unantastbar zu machen. Denn
kann man die Aussage, dass die
Quantenkryptografie abhörsicher ist, in Zweifel
ziehen, ohne dass man gleichzeitig auch die
zugrundeliegenden Naturgesetze in Zweifel
zieht?

Der Autor Bernd Müller kommt in seinem Artikel
über Quantenkryptografie in der Zeitschrift

Bild der Wissenschaft vom Dezember 2015 zu dem
Schluss:" Die Quantenkryptografie entwickelt
sich mit Riesenschritten in Richtung
Alltagstauglichkeit. Doch das und die
Verlässlichkeit physikalischer Gesetze dürfen
nicht darüber hinwegtäuschen, dass ein gesundes
Misstrauen angebracht ist. Denn ein
quantenkryptografisches System ist kein
Naturgesetz, sondern ein Kasten mit Optik und
Elektronik. Kommen Angreifer erstmals auf den
Trichter, dass sich die Quantenphysik nicht
aushebeln lässt, werden sie andere Einfallstore
suchen - und da gibt es einige," schreibt also
der Autor. Die Aussage der Abhörsicherheit
aufgrund der Naturgesetze der Quantenphysik
hält der Autor also für nicht antastbar, aber
sehr wohl die praktischen Umsetzungen, und dass
man auf dieser Ebene die Abhörsicherheit sehr
wohl umgehen kann. Eine perfekte praktische
Umsetzung scheint mir auch als Juristin nur
schwer realisierbar, aber die Theorie bleibt
unangetastet bei diesem Argument.
Bei den Ausführungen der verschiedenen
Szenarien komme ich noch einmal näher auf
dieses Argument und die problematische
praktische Umsetzung bzw. Anwendbarkeit von
Quantenkryptografie zu sprechen.

Der bekannte Astrophysiker Stephen Hawking hat
in einen seiner Bücher: "Einsteins Traum,
Expeditionen an die Grenzen der Raumzeit" in
einem der ersten Kapitel kurz seinen Drang
beschrieben seit seiner Kindheit,
herauszufinden, wie Dinge funktionieren, um sie
zu beherrschen. Da taucht der Begriff des
Herrschens auf, als ein Bedürfnis etwas zu

beherrschen durch Wissen. Tatsächlich sind die
Motive von Physikern, gerade auch in der
physikalischen Wissenschaft arbeiten zu wollen,
kaum erforscht worden. Stephen Hawking
schreibt:" Seit ich mit meiner Promotion
begann, konnte ich dieses Bedürfnis in der
kosmologischen Forschung stillen. Wenn man
weiß, wie das Universum funktioniert,
beherrscht man es in gewisser Weise."
Diese Aussagen finde ich aufschlussreich, man
könnte diesen Drang auch als starkes Motiv
bezeichnen, dass er Forscher in der Astrophysik
wurde. Ich habe das erwähnte Buch " Einsteins
Traum" von ihm vor über 10 Jahren zum ersten
Mal gelesen, und schon damals wurde ich beim
Lesen seines beschriebenen Drangs oder
Bedürfnisses aufmerksam, so sehr, dass ich
diese Worte nicht vergessen habe. Jetzt da ich
an diesen Inhalten arbeite, sind sie mir wieder
eingefallen, und ich habe dieses Buch wieder
gelesen.

Diese erarbeiteten kritischen Ansätze lassen
sich gut auf die Aussage, dass die Theorie der
Quantenkryptografie Abhörsicherheit voraussagt,
anwenden. Denn in diesem Fall ist die
scheinbare Unangreifbarkeit der Aussage sehr
wohl von Bedeutung. Es stellt sich die Frage,
inwiefern kann die Quantenkryptografie als
Höchstmaß an technischer Sicherheitsmaßnahme
nach §14(2) Datenschutzgesetz (DSG) und Art. 32
EU-Datenschutzgrundverordnung gelten, wenn nun
aber diese Abhörsicherheit in der praktischen
Anwendung vielleicht nie gewährleistet werden
kann?
Die Auseinandersetzung mit dieser aufgrund von

Theorien und physikalischen Prinzipien
vorhergesagten Abhörsicherheit ist auch deshalb
aus rechtlicher Sicht bedeutend, da die
gegenwärtigen weltweit genutzten
Verschlüsselungssysteme als sicher gelten,
obwohl sie das rein theoretisch nicht sind, sie
könnten auch praktisch geknackt werden, bloß
mit einem so enorm hohen zeitlichen,
technischen und finanziellen Aufwand, dass es
sehr unwahrscheinlich ist, dass dies auch
tatsächlich gegenwärtig geschieht.
In der Vergangenheit kam es aber bei dem
weltweit häufig genutzten Open SSL
Verschlüsselungssystem zu gravierenden
Schwachstellen, die auch schützenswerte Daten
wie Bankdaten, Kreditkarten oder die Passwörter
für E-Mails betroffen haben und betreffen.
Man könnte also schlussfolgern, dass die
Quantenkryptografie gebraucht zu werden
scheint, und einen echten technologischen
Fortschritt bringen kann, da sie zu mindestens
mehr Sicherheit verspricht. Die Tatsache, dass
es Daten gibt, wie etwa im Gesundheitsbereich,
die verschlüsselt werden müssen laut Gesetz,
ist ein weiteres Argument für den Bedarf nach
einer größtmöglichen Datensicherheit.
In weiterer Folge kann man auch die Frage
stellen, ob denn die herkömmlich genutzten
Verschlüsselungssysteme noch tragbar sind, wenn
man die gesetzlichen Regelungen eng auslegt.

Aber ich möchte noch Aussagen von Physikern
erwähnen, die sich zu der Thematik der
Objektivität bzw. der objektiven Methode der
Naturwissenschaft Physik geäußert haben. So
schreibt z.B. der bekannte Astrophysiker

Stephan Hawking in seinem Buch: Eine kurze
Geschichte der Zeit:" Jede physikalische
Theorie ist insofern vorläufig, als sie nur
eine Hypothese darstellt. Man kann sie nie
beweisen. Wie häufig auch immer die Ergebnisse
von Experimenten mit einer Theorie
übereinstimmen, man kann nie sicher sein, dass
das Ergebnis nicht beim nächsten Mal der
Theorie widersprechen wird. Dagegen ist eine
Theorie widerlegt, wenn man nur eine einzige
Beobachtung findet, die nicht mit den aus ihr
abgeleiteten Voraussagen übereinstimmt." Seine
Aussage stimmen mit den Äußerungen von dem
Philosophen Karl Popper überein, der sagt, dass
es kein sicheres Wissen gibt, nur ein
Vermutungswissen bzw. ein vorübergehendes
Wissen. Er geht sogar so weit, dass er sagt,
wir wissen nicht, wir raten. Und er war es, der
betonte, dass man nicht nach der Bestätigung
einer Theorie suchen soll, sondern, ob die
Theorie widerlegt werden kann.
Ein Physiker der Universität Wien meint
hingegen, dass man eine Theorie nie 100ig
bestätigen kann, weil man nie weiß, ob sie
richtig ist. Die Quantentheorie gilt zwar als
die am besten bestätigte Theorie, aber über die
Quantenkryptografie sagt dieser Physiker, dass
so manches als Beweis gesehen wurde, dass sich
später als haltlos erwiesen hat, und dennoch
sei die Quantenkryptografie VIEL sicherer als
die klassische Kryptografie.
Allerdings sagt er auch, dass eine breite
Nutzung der Quantenkryptografie mit einem
großen technischen Aufwand und wohl auch mit
hohen Kosten verbunden sein würde.
Der bekannte Quantenphysiker Anton Zeilinger,

dessen Spezialgebiet auch die
Quantenkryptografie ist, hat Folgendes gesagt:
" Wir wissen heute, dass die Sicherheit der
Quantenkryptografie nicht gewährleistet ist
durch die Schlauheit der Beteiligten, sondern
durch die Naturgesetze.(Ausschnitt aus einer CD
von 2004) "Die Quantenkryptografie ist
technisch bereits anwendbar, aber die
Wirtschaft hatte bis jetzt noch keinen
dringenden Bedarf, auf ein prinzipiell
abhörsicheres System umzusteigen. Auftretende
Sicherheitsprobleme waren bis dato auffangbar.
Bei einem großen Vertrauensverlust-einem
Wikileaks der Banken-wäre Quantenkryptografie
sicher eine Alternative, soweit Anton Zeilinger
in einem Interview im Forschungsmagazin der ÖAW
(österreichische Akademie der Wissenschaften)
vom 9/2011.
Die Aussagen reichen also von der Theorie über
das Naturgesetz bis hin zu einem Prinzip der
Abhörsicherheit. All diese Begriffe werden
verwendet, um die Abhörsicherheit zu begründen
oder zu erklären. Der Physiker Richard Dawid
kommt zu dem Schluss, dass die Physik heute in
der Situation ist, dass fundamentale Prinzipien
immer schwerer bestätigbar sind, d.h. die
Theoriebestätigung ist immer weniger empirisch,
zudem werden heute methodologische Fragen und
Infragestellung der wissenschaftlichen
Herangehensweise heftig diskutiert, erörtert
er. Allerdings betrifft diese Problematik
hauptsächlich die Astrophysik, die
Quantenphysik scheint eher Methoden anzuwenden,
die sich bestätigt haben.

OBJEKTIVITÄT IN DEN NATURWISSENSCHAFTEN

Ich möchte an diese Stelle nochmals zu der kritischen Auseinandersetzung mit der Objektivität in der Naturwissenschaft Physik zurückkommen.
Einen interessanten Beitrag zur Objektivität der Naturwissenschaft Physik hat die Feministin und Physikerin Karen Barad geleistet. Sie sagt in ihrem Werk: Agentieller Realismus auf Seite 80, in dem sie sich mit der Interpretation der Quantenmechanik v.a. von Niels Bohr auseinandersetzt: " Bei der Objektivität geht es Bohr also nicht darum, daß man von dem Untersuchungsgegenstand getrennt ist, eine Bedingung, die auf dem metaphysischen Glauben der klassischen Physik an den Individualismus beruht, sondern um die Frage nach der unzweideutigen Mitteilung der Ergebnisse reproduzierbarer Experimente. Das, was die Möglichkeit der Reproduzierbarkeit und unzweideutigen Mitteilung gewährleistet, ist der Bohrsche Schnitt, der vom Apparat vollzogen wird. Der entscheidende Punkt besteht darin, daß, wenn ein Experiment durchgeführt wird und die bestimmten Werte der permanenten Kennzeichen(...), die auf den Körpern hinterlassen werden, von einem menschlichen Beobachter gelesen werden, eine unzweideutige Beschreibung des Phänomens durch die Tatsache ermöglicht wird, daß der Apparat sowohl eine Auflösung der wesentlichen Unbestimmtheit zwischen Gegenstand und Beobachtungsagentien

innerhalb des resultierenden Phänomens als auch eine Auflösung der wesentlichen semantischen Unbestimmtheit liefert, so daß es wohldefinierte Begriffe gibt, die zur objektiven Beschreibung der Ergebnisse verwendet werden können. Sowohl das Phänomen als auch die verkörperten Begriffe, die zu seiner Beschreibung verwendet werden, sind durch einen und denselben Apparat bedingt (der die wesentlichen Mehrdeutigkeiten auflöst)."
Aus Sicht der Wissenschaftsforschung ist diese Sichtweise der unzweideutigen Mitteilung von Bohr interessant, da die Wissenschaftsforschung erforscht, was wissenschaftlich ist, und wie diese Wissenschaftlichkeit gedeutet wird, denn aus den Ergebnissen von quantenphysikalischen Experimenten die unzweideutigen Schlüsse ziehen zu können, braucht man eine spezielle Ausbildung und Erfahrung mit diesen Experimenten. Die Physikerin und Wissenschaftsforscherin Ulrike Felt hat in einer ihrer Vorlesungen erläutert, dass ihr einmal ein Arzt anhand ihrer Röntgenbilder zeigen wollte, was er eindeutig sehen kann, sie dachte sich nur, toll, ich kann mit diesen Bildern nichts anfangen. Auffällig finde ich auch, dass Bohr nicht von eindeutigen Mitteilungen spricht, sondern von unzweideutigen.
Für mich scheint es keine eindeutigen Beschreibungen des Phänomens innerhalb des Experiments mit technischen Hilfsmitteln zu geben. Denn es liegt immer noch in der Bewertung, dem Wissen, dem Zugang, an den Fähigkeiten der BeobachterInnen, was sie aus den Resultaten von Experimenten mit Apparaten

herauslesen, sowohl fachlich als auch sprachlich scheint es mir schwierig auf Dauer eindeutige Beschreibungen zu liefern, ganz unabhängig davon, ob man sich nun als BetrachterIn innerhalb oder als außerhalb des Phänomens sieht. Ich glaube, selbst dieser Ansatz, sich als innerhalb eines Phänomens zu erleben, und diesen Bezugspunkt der Äußerlichkeit aufzugeben, löst die Problematik nicht, dass in die physikalischen Erkenntnisse, die durch Theorie und Experiment gewonnen werden, immer ganz stark der Gedankenprozess von Menschen einfließt. Dennoch finde ich den Ansatz von Karen Barad insofern gut, weil sie die Objektivität nicht aufgibt, sie sagt weiter:" Die Ausarbeitung der ontologischen Dimension von Bohrs begrifflichen Rahmen bietet die Möglichkeit einer Stärkung des Begriffs der Objektivität und liefert eine robustere Konzeption als bloße Intersubjektivität. Sie besitzt auch den zusätzlichen Vorteil, daß sie nicht von einem menschlichen Beobachter abhängt. Insbesondere bietet die Alternative, die ich vorschlage, die Möglichkeit, problematische humanistische Elemente aus Bohrs Darstellung zu entfernen und einige der kontroversen Elemente von Bohrs Philosophie-Physik zu vermeiden, ohne die Objektivität zu opfern." In meiner agentiell-realistischen Erweiterung schreibt Karen Barad ist dasjenige, was (Einsteins bevorzugte) räumliche Abtrennbarkeit als ontologische Bedingung für Objektivität ersetzt, agentielle Abtrennbarkeit – eine agentiell vollzogene ontologische Abtrennbarkeit innerhalb des Phänomens. Die Objektivität wird mit dem Niedergang des

metaphysischen Individualismus nicht geopfert.
Es ist keine klassische ontologische Bedingung
absoluter Äußerlichkeit zwischen Beobachter und
Beobachtetem (auf der Grundlage der Metaphysik
individuierter, getrennter Zustände)
erforderlich. Der entscheidende Punkt ist, daß
der Apparat einen agentiellen Schnitt innerhalb
des Phänomens vollzieht."

Auf Seite 99 desselben Werks schreibt sie:
" Der agentiell-realistischen Sichtweise
technisch-wissenschaftlicher Praktiken
zufolge steht der Erkennende nicht in einer
Beziehung absoluter Äußerlichkeit zur Welt
der Natur-es gibt keinen solchen äußeren
Beobachtungspunkt. Die Bedingung der
Möglichkeit für Objektivität ist daher
nicht absolute Äußerlichkeit, sondern
agentielle Abtrennbarkeit-Äußerlichkeit
innerhalb von Phänomenen. Wir sind keine
äußeren Beobachter der Welt. Wir befinden
uns aber auch nicht einfach nur an
bestimmten Orten in der Welt, vielmehr sind
wir Teil der Welt in ihrer fortlaufenden
Intraaktivität. Auf diesen Punkt versuchte
Niels Bohr durch sein Insistieren darauf
zuzusteuern, daß unsere Erkenntnistheorie
die Tatsache
berücksichtigen muß, daß wir ein Teil jener
Natur sind, die wir zu verstehen
versuchen."

Diesen Auszug aus Karen Barads Werk habe ich
deshalb zitiert, weil ich in Teil 1 unter den

feministischen Aspekten auf Waltraud Ernsts
Abwendung von dem Begriff der Objektivität in
ihrer Dissertation hingewiesen habe, da gerade
die intensive Auseinandersetzung mit eben
dieser Objektivität in den Naturwissenschaften
für feministische Forscherinnen einen zentralen
Punkt der Kritik darstellt. Doch da ich selber
zwar auch diese Objektivität infrage stelle,
aber doch finde, dass es eine gewisse Form der
Objektivität gibt, ist es mir wichtig, auf das
zitierte und genannte Werk von Karen Barad
einzugehen, da ihr die Objektivität in der
Physik auch wichtig erscheint.
Ich denke aber, dass Objektivität, wie ich
später noch ausführen werde, immer auf die
Subjektivität bezogen bleibt, und diese auch
ineinander einfließen können, also eine strikte
Trennung zwischen Objektivität und
Subjektivität nicht so einfach möglich wird.
Interessant ist es jetzt aus dem Blickwinkel
dieser unterschiedlichen Ansätze zweier
feministischer Wissenschaftlerinnen, die auf
Naturgesetz basierende Abhörsicherheit der
Quantenkryptografie zu betrachten:
Wenn man grundsätzlich Naturgesetze als nicht
objektiv ansieht, dann verliert die
Abhörsicherheit der Quantenphysik ihren
fundamentalen Sicherheitsaspekt, wodurch sie
sich folglich nicht mehr von der Sicherheit,
die kryptografische Anwendungen auf Grundlage
der klassischen Physik, die bisher breit
genutzt werden, unterscheidet. Und damit fällt
diese Besonderheit der Quantenphysik weg. Man
muss aber betonen, dass die Feministin Karen
Barad, der es wichtig ist, den Aspekt der
Objektivität zu bewahren, Physikerin ist,

während Waltraud Ernst Philosophin ist.
Mein Zugang als Rechtswissenschaftlerin zur
Objektivität in den Naturwissenschaften leitet
sich aus den Überlegungen über den freien
Willen bzw. der freien Entscheidung von
Menschen ab.
Wenn man sich die Frage stellt, ob das Leben
und der Todeszeitpunkt von Menschen
vorherbestimmt ist oder einzig bestimmt wird
von Zufall oder dem freien Willen, gibt es eine
Verbindung zwischen Physik und Jus, darüber
hinaus beschäftigt diese Frage natürlich auch
andere Wissenschaften. Doch in diesem
Zusammenhang bleibe ich bei Jus und Physik.
Bevor die Quantenphysik entdeckt wurde, waren
PhysikerInnen überzeugt vom Determinismus, d.h.
Naturgesetze bestimmen die Entwicklung aller
Ereignisse, erst durch die Erforschung der
Quantenphysik entdeckten die PhysikerInnen den
Zufall. Es gibt Menschen, die glauben, dass
unser Leben und auch der Zeitpunkt unseres
Todes vorherbestimmt wird, das wäre jedoch
problematisch in Hinblick auf die Existenz
eines freien Willens, den es dann nicht geben
kann, oder den wir nur scheinbar haben. Nehmen
wir das Beispiel eines Rauchers, der an
Lungenkrebs stirbt, weil er jahrzehntelang
geraucht hat, und nicht alt wird, und den
ärztlichen Ratschlag vor Jahrzehnten ignoriert
hat, dass er am Rauchen sterben kann. Durch
medizinisches Wissen ist dieser Tod zwar
vorhersagbar, doch nicht von vornherein
vorherbestimmt, da dieser Mensch, die
Entscheidung, ob er weiter raucht oder nicht,
selber in der Hand hat, und nicht irgendein
Schicksal oder irgendeine Macht, die ihn lenkt.

Um die Schicksalstheorie aufrechterhalten zu
können, habe ich mir überlegt, müsste man
folglich argumentieren, dass auch die Tatsache,
wie er sich entschieden hat, vorherbestimmt
ist, das allerdings führt zu weit bzw. ad
absurdum, denn er hatte die Möglichkeit zu
wählen, also de facto eine Form der Freiheit.
Daher bin ich zur Überzeugung gelangt, dass es
eine Art von Objektivität schon geben muss,
weil wir nicht einfach alles behaupten können
aus einer rein subjektiven festen Überzeugung
heraus, die unhinterfragt ist, wenn man sie
keiner genaueren gedanklichen Überprüfung
unterzieht.
Für uns JuristInnen ist die Vorherbestimmung
kontra freier Willen sehr bedeutend in Bezug
auf die Verantwortung jedes Menschen für sein
Handeln. Wenn alles, was uns widerfährt
schicksalhaft ist, kann man Menschen dann
konsequenterweise nicht bestrafen für ihr
Fehlverhalten durch Gerichte aufgrund von
Gesetzen. Diese Überlegungen haben meine
zunächst eigentlich in Richtung der Erkenntnis
von Waltraud Ernst tendierenden Haltung in
Richtung jener von Karen Barad verändert.
Ausgang dieser Überlegungen waren die Gedanken,
die sich Stephen Hawking in seinem Buch:
Einsteins Traum in dem Kapitel: "Ist alles
vorherbestimmt " gemacht hat, und der
Diskussion mit einer Freundin über das Thema,
ob der Todeszeitpunkt eines jeden Menschen
vorherbestimmt ist. Stephan Hawking meint, dass
das Unbestimmtheitsprinzip der Quantenmechanik
auch auf das menschliche Gehirn anwendbar ist.
Er schreibt auf Seite 133 seines Buchs
"Einsteins Traum": Also gibt es in unserem

Verhalten ein aus der Quantenmechanik folgendes Zufallselement. Allerdings sind die an der Hirntätigkeit beteiligten Energien nicht groß. Deshalb wirkt sich die Unbestimmtheit der Quantenmechanik nur geringfügig aus. Tatsächlich können wir menschliches Verhalten nicht vorhersagen, weil es schlicht zu schwierig ist. Die grundlegenden physikalischen Gesetze, denen die Gehirnaktivität folgt, kennen wir bereits, und sie sind vergleichsweise einfach. Aber es ist zu schwer die Gleichungen zu lösen, wenn mehr als ein paar Teilchen beteiligt sind. Selbst in der einfacheren Gravitationstheorie von Newton lassen sich die Gleichungen nur im Falle zweier Teilchen exakt lösen. Bei 3 oder mehr Teilchen muss man schon auf Näherungsverfahren ausweichen." Stephan Hawking kommt also in seinen physikalischen Überlegungen zu dem Fazit, dass menschliches Verhalten nicht vorhersagbar, und damit nicht vorherbestimmbar sein kann.
Diese Freundin hingegen ist überzeugt, dass der Todeszeitpunkt eines jeden Menschen vorherbestimmt ist. Ich habe dieser Ansicht widersprochen mit dem Beispiel eines bekannten Journalisten, der nicht alt wurde, weil er jahrzehntelang viel geraucht hat. Ich meinte, er hatte ja die freie Entscheidung, zu rauchen oder eben nicht, und dadurch hatte er einen direkten Einfluss auf seinen Todeszeitpunkt. Meine Freundin hingegen fand dieses Argument nicht überzeugend, sie meinte, er hätte ja auch zum selben Zeitpunkt an etwas Anderem sterben können, außerdem gibt es Menschen, die trotz starken Rauchens alt werden. Doch das bedeutet

117

ein Negieren der Tatsachen in diesem Fall. Laut
Medizin ist bei den meisten RaucherInnen, die
an Lungenkrebs sterben, das Rauchen die
Hauptursache, und er wusste das, also war es
seine freie Entscheidung und kein Schicksal
oder keine Fremdbestimmung. Wenn man
weiterdenkt, kommt man zu der Frage, wenn es
schon eine Vorherbestimmung, ein Schicksal
gibt, dem wir nicht entkommen können, wer
bestimmt dann dieses unser Schicksal?
Wenn wir keinen Einfluss darauf haben, muss es
doch irgendetwas oder irgendjemanden geben, der
unser Leben bestimmt. Für den christlichen
Glauben ist es Gott, der unser Leben bestimmt,
für manche ist die Schicksalsvorstellung aber
losgelöst von einem Gott. In manchen Fällen
klingt die Schicksalsthese allerdings eher als
Ausrede, um die Verantwortung für das eigene
Handeln nicht zu übernehmen. Wenn das Schicksal
"schuld" ist an bestimmten Ereignissen, muss
man sich nicht näher mit den Motiven seines
Handelns auseinandersetzen. Interessant ist
auch, dass kaum jemand alltägliche Ereignisse
oder die Alltagsroutinen, die keinerlei
Veränderungen in unserem Leben zur Folge haben,
als schicksalshaft bezeichnet.
Das Schicksal wird dann herangezogen, wenn es
um dramatische Wendungen in unserem Leben geht,
von unserem Todeszeitpunkt oder die Art unseres
Sterbens bis hin zu schweren Krankheiten oder
schwerwiegenden Folgen eines Unfalls etc.,
Auch Begegnungen, die zu einschneidenden
Veränderungen führen, wie das erste Treffen mit
dem(der) späteren Ehepartner(in), oder eine
Begegnung, die zu einer langjährigen
Freundschaft führt, und viele positiven

Erlebnisse mehr, die unser Leben in gewisser
Weise dauerhaft verändern. In solchen Fällen
sprechen wir schon gerne von Schicksal.
Doch der freie Wille betrifft eben nicht nur
das eigene Sterben, sondern das ganze eigene
Leben. Wenn man also überzeugt ist, dass der
Tod vorherbestimmt ist, dann wäre es
inkonsequent zu denken, dass dies nur für den
Tod gilt, und nicht ganz grundsätzlich für alle
unsere Entscheidungen.
In den Neurowissenschaften gibt es dazu
Experimente, die aber auch zu umstrittenen
Bewertungen geführt haben. Der bekannte
Neurowissenschaftler Wolf Singer aus
Deutschland hat vor Jahren ein Experiment
durchgeführt, wo er zeigen konnte, dass
Menschen einen unendlichen kleinen Bruchteil
einer Sekunde bevor sie eine bewusste
Entscheidung treffen, diese schon unbewusst
getroffen haben. Daraus hat Singer den
umstrittenen Schluss gezogen, dass Menschen
keinen freien Willen haben, und auch Straftäter
nicht verantwortlich sind für ihr kriminelles
Verhalten. Verständlicherweise hat das für viel
Aufsehen und auch Empörung gesorgt.
Doch wenn man einmal die Schlussfolgerungen
Singers außeracht lässt, und nur auf dieses
Experiment eingeht, habe ich mir überlegt, kann
das nur eine Aussagekraft haben, wenn wir
schnell Entscheidungen treffen müssen, die wir
auch sofort umsetzen müssen. Denn wenn es um
Entscheidungen geht, die wir uns lange oder
längere Zeit überlegen, so weiß man nicht,
inwiefern das Unbewusstsein durch eine lange
oder längere bewusste gedankliche
Auseinandersetzung beeinflusst wird. Aus der

Sportpsychologie und dem mentalen Training ist
bekannt, dass bewusste Gedanken oder
Gedankenbilder direkt auf den Körper wirken und
so zu direkt beobachtbaren und messbaren
Reaktionen führen können. Die Verantwortung des
Menschen für sein eigenes Verhalten und Handeln
ist in den Gesetzen nur durch eine
Geisteskrankheit gemindert, der Täter oder die
Täterin kommt dann nicht in ein Gefängnis,
sondern in eine Anstalt für geistig abnorme
Rechtsbrecher und Rechtsbrecherinnen.
Die Thematik der Verantwortung, des freien
Willens und die Beschäftigung der
Wissenschaften damit bleibt sicher ein
brisantes und wichtiges Betätigungsfeld.

Wenn man sich in Erinnerung ruft, dass der
Zufall in der Quantenphysik charakteristisch
ist, wie passt dieser Zufall dann in unsere
Alltagswirklichkeit? Ich denke, dass dieser
quantenphysikalische Zufall in unserem Leben
durchaus vorkommen könnte, aber während es in
der Quantenphysik die Kausalität der
klassischen Physik nicht gibt, bestimmen unser
Leben doch öfter Ursache-Wirkungszusammenhänge,
wie bestimmte Ursachen für Krankheiten oder
bestimmte Ursachen für Unfälle. Ein spannendes
Gedankenexperiment kann es sein, wenn man sich
überlegt, wie sehr sich unser Leben ändern
würde, wenn auch in unserer Welt nur der Zufall
bestimmend wäre? Was würde das für unseren
freien Willen bedeuten?
Shimon Malin beschreibt diesen Zufall in der
Quantenphysik in seinem Buch" Dr. Bertlmanns
Socken, oder wie die Quantenphysik unser
Weltbild verändert wie folgt auf Seite 36: „Der

Quantenmechanik zufolge sind die Naturgesetze
statistischer Art; einzelne Ereignisse in der
Gegenwart und der Zukunft sind durch die
Vergangenheit nicht vollkommen vorherbestimmt."
Der bekannte Quantenphysiker Anton Zeilinger
beschreibt den Zufall so: „Eine der
fundamentalsten Erkenntnisse der Quantenphysik
ist es, dass es einen reinen Zufall gibt. Es
gibt also Ereignisse, denen keine kausale
Bedingung zugrunde liegt. Das hat
philosophische Konsequenzen, die nicht zuletzt
in eine Diskussion um den freien Willen münden
können."
Dieser Zufall der Quantenphysik wird auch als
objektiv bezeichnet im Gegensatz zu jenem
Zufall, den wir in Alltagserlebnissen kennen,
wenn wir z.B.: zufällig eine Bekannte treffen.
Diesen Zufall kann man erklären, in der
Quantenphysik gibt es keinerlei Möglichkeit,
den Zufall zu ergründen.

Dennoch, um wieder auf die Abhörsicherheit
zurückzukommen, bin ich skeptisch gegenüber
einer totalen Abhörsicherheit, weil es zu sehr
nach der Verwirklichung eines Ideals klingt,
und ich-wie schon gesagt-der Meinung bin, dass
auch PhysikerInnen, subjektive Schlüssen ziehen
können aus ihren Experimenten durch die
Bewertung ihrer Messungen, und die Geschichte
der Physik hat schon auch gezeigt, dass
physikalische Erkenntnisse nicht unbedingt
immer auf Dauer Bestand hatten.
Eine inhaltlich dazu sehr passende Aussage von
dem bekannten Physiker Erwin Schrödinger
zitiert in seiner Dissertation über "Analoges
Denken in Physik und Jurisprudenz" von Dr.

Gerhard Zrunek, abgeschlossen und abgegeben an der Universität Wien 1965. Er gibt E. Schrödingers Gedanken zur Wandlung des physikalischen Weltbegriffs aufgrund der für die PhysikerInnen überraschenden Entdeckung der Quantenphysik wieder.
Schrödinger stellt fest:" …..dass wir vermöge einer gewissen endlichen, beschränkten Beschaffenheit unseres Geistes schlechterdings nicht imstande sind, an die Natur eine Frage zu stellen, die eine stetige Folge von Antworten zuläßt. Und im Weiteren führt Schrödinger aus, dass die Beobachtungen, die einzelnen Meßergebnisse, sind die Antworten der Natur auf unsere unstetigen Fragestellungen. Daher sind sie vielleicht in sehr wesentlicher Weise eine Angelegenheit nicht des Objektes allein, vielmehr eine Angelegenheit der Wechselbeziehungen zwischen Objekt und Subjekt. Diese Ansichten von Erwin Schrödinger zitiert aus "Die Wandlung des physikalischen Weltbegriffes in " Was ist ein Naturgesetz", sind leider eher in Vergessenheit geraten, gelten doch die Naturwissenschaften, und dabei besonders die Physik weiterhin als rein objektive Wissenschaft, und bedauerlicherweise wird in der Lehre an der Universität kein Wert daraufgelegt, auf die oft durchaus kritischen und tiefer gehenden Anschauungen von Physikern, wie die eines Erwin Schrödingers oder eines Werner Heisenbergs, einzugehen und diese mit den Studierenden zu diskutieren. An der Universität wird Physik als eine Fülle von sicheren Erkenntnissen präsentiert, die zwar in der Vergangenheit unklar und manchmal auch anders waren, doch heute weiß man sehr viel

mehr aufgrund zahlreicher Experimente,
verfeinerter, deutlich verbesserter technischer
Möglichkeiten bei Experimenten. Doch das
kritische Hinterfragen dieses anscheinend so
sicheren Wissens wird komplett ausgeklammert.
Für mich wurde dadurch der Physik ihre
tatsächliche Spannung genommen, diese Art von
Lehre finde ich eher ermüdend und langweilig.
Ein weiterer großer Kritikpunkt an Forschung
und Lehre ist diese strenge geistige Einengung
und der einseitige Fokus ausschließlich auf das
eigene Fachgebiet, andere Wissenschaften sind
eher ausgegrenzt in dem Denken des eigenen
Forschungsprozesses.
Doch im Sommersemester 2018 fand an der
Universität Wien eine Ringvorlesung über die
Grundlagen der Physik statt. Zum Thema
wissenschaftlicher Realismus gab es zahlreiche
Vorträge auch über die Interpretationen der
Quantenmechanik. Diese Entwicklung finde ich
gut.

Interessanterweise und glücklicherweise bin ich
auf die bereits erwähnte Dissertation mit dem
Titel" Analoges Denken in Physik und
Jurisprudenz" gestoßen. In dieser Arbeit, und
nochmals betont ist diese Arbeit von 1965,
kommt der Autor zu dem Schluss auf Seite 79 ff,
dass" Was hier nachzuweisen versucht wurde, ist
die Tatsache, dass in einer Welt, die heute
mehr denn je den Hang zur Spezialisierung und
Einkapselung in sich trägt, (..) wo Leute
desselben Wissensgebietes sich nicht mehr
verstehen und nichts voneinander wissen und
auch nichts wissen wollen, daß es in dieser
Welt doch noch Bestrebungen gibt, die eine

Zusammenschau versuchen und nach übergeordneten Gesetzen forschen, die lediglich zu analogen Denken führen soll. Merkwürdig und eigentlich unerwartet folgert der Autor, ist dabei, dass den Anstoß dazu die Physik gab. Ein Gebäude, das fester und unerschütterlicher als andere Wissenschaftsgebäude gebaut schien. Und nochmals am Ende seiner Arbeit kommt er auf den Vortrag von Erwin Schrödinger zurück, der sich folgendermaßen kritisch geäußert hat:" Den notgedrungenen Verzicht auf eine rein objektive Beschreibung der Natur fühlen heute noch die meisten von uns als einen tiefgehenden Wandel des physikalischen Weltbegriffs. Sie empfinden es als schmerzliche Ermäßigung ihrer Ansprüche auf Wahrheit und Klarheit, daß unsere Zeichen und Formeln und die damit verknüpften Bilder nicht ein unabhängig vom Beobachter existierendes Objekt, sondern nur die Relation Subjekt: Objekt darstellen sollen. Aber ist diese Relation nicht im Grunde die einzige Realität, die wir kennen?"
Der Autor fügt die Worte Schrödingers an, dass es wesentlich erscheint, dass noch einmal mit aller Deutlichkeit die physikalische Wandlung im Denken aus berufenem Munde klar vor Augen geführt wurde. Die Juristen waren sich der Problematik des Verhältnisses von Objekt und Subjekt immer schon bewußter, so die Worte des Dissertanten auf Seite 82, auf den allerletzten Seiten seiner Arbeit.
Der Physiker Hugh Everett hat diese Objekt-Subjektverbindung so erweitert, dass er sagte:" The Eye of one observer is the eye of all of us, there is not one world, but many world as observers."

Das Auge eines Beobachters ist das Auge von uns
allen, und es gibt nicht eine Welt, sondern so
viele Welten wie Beobachter.
Er führte den "relative state" ein, den
relativen Zustand in der Interpretation der
Quantenmechanik. Im folgenden Kapitel führe ich
diese Thematik noch eingehender aus.
Der Einfluss des Beobachters oder des
Experimentators in der Quantenphysik wird zwar
viel debattiert von den PhysikerInnen, doch
nicht aus der kritischen Warte, wie
beispielsweise Schrödinger die Objektivität
geradezu relativiert. In der Diskussion heute
erscheint mir die Ebene Objekt-Subjekt nicht
mehr als gleichwertig, sondern letztendlich
zählt nur das Ergebnis eines Experiments, an
das gewisse Anforderungen gestellt werden von
der physikalischen Community, um eine breite
Anerkennung zu finden, und als wissenschaftlich
zu gelten. Und daraus ist auch die als
unumstritten verfochtene Abhörsicherheit, die
von den PhysikerInnen als zweifelfrei gesehen
wird, zu verstehen. Denn würde man
grundsätzlich die Objekt-Subjekt Beziehung als
Maßstab heranziehen, dann kann man schwer von
absolut objektiven Erkenntnissen von
Experimenten reden, sondern man müsste
relativieren, und das würde eben zu einer Form
der Abhörsicherheit führen, die nicht absolut
ist, sondern immer nur relativ gelten oder
wirksam werden kann.
Tatsächlich hat die praktische Anwendung bisher
genau diese Relativität der
quantenkryptografischen Erkenntnisse offenbart.
Denn zunächst war die Abhörsicherheit der
anfangs entwickelten quantenkryptografischen

125

Anwendung nicht abhörsicher, weil die Geräte
noch nicht genau waren, und heute sprechen
führende QuantenkryptoforscherInnen davon, dass
die Abhörsicherheit von der Sicherheit der
Geräte abhängt. Also muss man sich bei näherer
Betrachtung, bzw. wenn man meinen Ansatz und
meiner Argumentationslinie folgt, zur
Schlussfolgerung kommen, dass die
Abhörsicherheit der Quantenkryptografie
vielleicht besser ist als jene der klassischen
Systeme, aber eine echte Abhörsicherheit ist
eben immer nur relativ bezüglich ihrer
jeweiligen Anwendungen zu betrachten, gerade
aus juristischer Sicht ist eine kritische Warte
unumgänglich, weil man anderenfalls vielleicht
böse Überraschungen erleben könnte.

In dem schon vorhin erwähnten Buch von Physiker
Shimon Malin mit dem Titel: Dr.Bertlmanns
Socken oder wie die Quantenphysik unser
Weltbild verändert" ist ein wesentlicher
Bestandteil die Aussage von dem Physiker Erwin
Schrödinger in seinem Buch" Geist und Materie"
von 1957, wo er seine Vorlesungen am Trinity
College in Cambridge, England niederschreibt.
Sein 3.Vortrag hat das Thema der
Objektivierung. Und er erklärt das mit
folgenden Worten: „Ich behaupte, es handelt
sich dabei um eine gewisse Vereinfachung, die
wir einführen, um das unerhört verwickelte
Problem der Natur zu meistern. Ohne es uns ganz
klarzumachen und ohne dabei immer ganz streng
folgerichtig zu sein, schließen wir das Subjekt
der Erkenntnis aus aus dem Bereich dessen, was
wir an der Natur verstehen wollen. Wir treten
mit unserer Person zurück in die Rolle eines

126

Zuschauers, der nicht zur Welt gehört, welche letztere eben dadurch zu einer objektiven Welt wird.“
Für Shimon Malin ist diese Einschätzung Erwin Schrödingers sehr zentral in seiner Kritik an den Grenzen der naturwissenschaftlichen Methode, uns ein neues Weltbild zu liefern. Diesem Prinzip der Objektivierung unterliegt auch die Quantenphysik, aber der Prozess vom Übergang der Überlagerung von Möglichkeiten, also des Superpositionsprinzips, in eine konkrete Messung, also in ein wirkliches Ereignis wie er es bezeichnet, diesen auch Kollaps gennannten Prozess, kann die Objektivierung nicht erklären, dazu ist sie zu begrenzt, und begrenzt gerade auch deshalb, weil der Mensch sich selber ausschließt aus dem Prozess der Naturerforschung. Der Autor fordert die Einbeziehung des Subjekts der Erkenntnis in die Erforschung von Naturphänomenen. Allerdings lässt er offen, in welcher Weise die naturwissenschaftliche Methode dadurch erweitert werden sollte und erweitert werden kann. Als Juristin ist mir spontan eingefallen, dass genau diese Tatsache, dass der Mensch sich selbst aus der Forschung in der Physik ausklammert, dazu führt, dass die ForscherInnen keine Verantwortung fühlen für die Folgen ihrer Forschungen in gesellschaftlichen Anwendungen, da sie diese eben als rein objektive Erkenntnisse betrachten, die mit dem Subjekt der Erkenntnis nichts zu tun haben. Ich habe diese Art der Methode und Herangehensweise von Beginn an mit der Beschäftigung mit Quantenphysik bzw. ganz allgemein mit Physik als problematisch gesehen.

Interessant ist auch, dass Shimon Malin diesen Vorgang des Kollapses in der Quantenphysik als außerhalb der Zeit stattfindend ansieht. Er sagt, dass der Kollaps nicht im Rahmen des mathematischen Formalismus der Quantentheorie erklärt werden kann, weil die Natur nicht wirklich objektivierbar ist. Auf Seite 253 des erwähnten Buches formuliert er dies: „Die Annahme, dass die Natur als etwas Objektivierbares betrachtet werden könne, ist eine Abstraktion. Jede Abstraktion besitzt nur einen beschränkten Gültigkeitsbereich. Der atemporale Prozess des Kollapses liegt außerhalb dieses Gültigkeitsbereiches." Diese Objekte als Forschungsgegenstand sind nur Erscheinungen in der Raumzeit bzw. in Raum und Zeit. Die Objektivierung ist eine Form der Abstraktion, aber nicht die Wirklichkeit. Wissen sollten man auch noch, dass Shimon Malin Erwin Schrödinger so interpretiert, dass diese Subjekt-Objekt Ebene, diese diskursive Vorgehensweise, nicht in der Lage ist, die Wirklichkeit ganz zu erfassen, dazu bedarf es der Kontemplation, des tiefen Verstehens, des Vordringens zu den tiefen Wahrheiten durch die Erfahrung, durch das Erleben der Gewissheit der Erkenntnis, die nur schwer mit Worten beschreibbar ist. Er bezieht sich auf die Schriften von den griechischen Philosophen Platon und dessen Schüler Plotin und auf den englischen Philosophen Alfred North Whitehead. Letzterer sieht kurz zusammengefasst, die Erfahrung als den Weg den Dualismus zwischen Materie und Geist, und zwischen Körper und Geist aufzulösen, denn diese Dualität entspricht nicht der wahren Wirklichkeit.

Nicht die Objekte sind konkret, sondern die
Erfahrungen, meint Whitehead.
Shimon Malin schreibt weiter in seinem Buch
„Dr. Bertlmanns Socken" auf Seite 332:" Wie wir
gesehen haben, hat die Quantenmechanik
Eigenschaften der physikalischen Welt
aufgedeckt, die verwirrend und beunruhigend
sind. Die Schwierigkeiten ergeben sich jedoch
daraus, dass wir versuchen, sie innerhalb des
Newtonschen Begriffssystem zu formulieren und
zu verstehen." Newton ging davon aus, dass es
im Universum Objekte gibt, feste Körper,
Kräfte, Massen und Anziehung der Massen.
Whitehead hingegen geht davon aus, dass es
keine Objekte gibt, sondern nur „Pulse der
Erfahrung, Erfahrung ist das primäre Merkmal
all dessen, was in Wirklichkeit existiert"
zitiert Shimon Malin Whitehead. Diese
Philosophie erklärt laut Malin die
Merkwürdigkeiten der Quantenphysik so gut, dass
es keine mehr gibt.
Im Wesentlichen sagt der Autor, dass die
naturwissenschaftliche Methode eine Form der
Abstraktion ist aufgrund ihrer Objektivierung,
und dass diese Methode Grenzen hat, und nicht
alles erklären kann, besonders zeigt sich dies
beim Kollaps in der Quantenphysik, der diesen
Übergang vom Möglichen zum Wirklichen
kennzeichnet. Das Elektron ist zunächst ein
Feld von Möglichkeiten, aber es existiert nicht
wirklich, erst nach dem Kollaps wird es auf dem
Schirm der Versuchsanordnung auf einer
bestimmen Stelle sichtbar.
Shimon Malin sieht aber noch einen weiteren
wichtigen Aspekt bei der Interpretation der
Quantenmechanik, nämlich ob diese nun

erkenntnistheoretisch oder aus ontologischer
Sicht zu beschreiben ist. Während Niels Bohr
die Auffassung vertrat, dass „ die
Quantenmechanik nicht die Natur beschreibt,
sondern das, was man über die Natur sagen kann,
sah dies Werner Heisenberg anders:" Die
Quantenmechanik sagt uns, was die Natur ist,
sie besteht aus atomaren und subatomaren
Teilchen, die Möglichkeitsfelder sind, die,
wenn sie gemessen werden, wirklich werden.
Shimon Malin schreibt auf Seite 381 seines
Buches "Dr. Berltmanns Socken, dass Heisenberg
beeindruckt war, dass Elementarteilchen keine
kleinen Dinge sind, und dass sie am
vollständigsten nicht durch Worte, sondern
durch mathematische Symbole und Gleichungen
beschrieben werden. Er gelangte zu dem Schluss,
dass die kleinsten Materieeinheiten in
Wirklichkeit nicht physikalische Objekte im
landläufigen Sinne sind, sondern Formen,
Strukturen oder-im Platonischen Sinne-Ideen,
über die man nur in der Sprache der Mathematik
eindeutig sprechen kann. (..)
Die Diskussion um die erkenntnistheoretische
oder die ontologische Interpretation der
Quantenmechanik führte zu dem Schluss, dass die
Quantenzustände der Elementarteilchen unter den
meisten Bedingungen nicht nur beschreiben, was
diese sind, sondern auch, welches Wissen über
sie verfügbar ist, nämlich dass das über sie
verfügbare Wissen und ihr Sein identisch sind.
Und ziemlich am Ende seines Buches zitiert er
noch einmal Erwin Schrödinger, der den Subjekt-
Objekt-Modus oder die Subjekt-Objekt Beziehung
mit folgenden Worten beschreibt " Die Welt gibt
es für mich nur einmal, nicht eine existierende

130

und eine wahrgenommene Welt. Subjekt und Objekt sind nur eins. Man kann nicht sagen, die Schranke zwischen ihnen sei unter dem Ansturm neuester physikalischer Erfahrungen gefallen; denn diese Schranke gibt es gar nicht."

Der theoretische Physiker Jürgen Audretsch schreibt in seinem Buch:" Die besondere Welt der Quanten" auf Seite 60, dass der Quantenzustand nicht das Wissen eines bestimmten Beobachters beschreibt, sondern das maximal mögliche Wissen, das man über die zu erwartenden relativen Häufigkeiten haben kann. Die ist eine für alle Beobachter gleiche und infolgedessen objektive Aussage." Und auf Seite 65 geht er noch weiter und sagt:" Nicht der Beobachter spielt daher in der Quantentheorie, so wie wir sie formuliert haben, eine neue Rolle, sondern das Messgerät. Es führt eine von mehreren möglichen Präparationen durch. Welche das war, zeigt der Messwert an. Er liegt fest, unabhängig davon, ob und wann jemand ihn abliest. Zweifellos ist die Anzeige objektiv. Sie ist genau in demselben Maße objektiv wie jede andere Aussage der klassischen Physik auch. Das heißt, jedermann wird bei der Ablesung des Zeigers auf dasselbe Ergebnis kommen. Es kann also von einer Einführung des Subjekts in die Naturwissenschaft durch die Quantentheorie keine Rede sein."
Interessant finde ich diese Bewertung insofern, weil er sich nur auf das Messgerät fokussiert, und völlig darüber hinweggeht, dass ein Subjekt, in der Regel PhysikerInnen, die gesamte Versuchsanordnung aufbauen, sich vorher genau überlegen, welches Experiment sie wie

durchführen wollen, und warum. All diese
subjektiven Einflüsse auf den Messprozess hält
er offenbar für völlig irrelevant. Der Maßstab
für die Objektivität ist das Messgerät und das
jeweilige Messergebnis, aber selbst dieses kann
für einen Laien überhaupt nicht klar sein oder
aussagekräftig. Die Natur selber interpretiert
auch nicht, also sind es wieder doch die
Subjekte, die Messwerte ansehen und daraus
Schlüsse ziehen. In der Regel sind all diese
Quantenexperimente künstlich aufgebaute
Vorgänge, die in dieser Art in der Natur nicht
vorkommen, denn es werden Quantenzustände
isoliert von der Umgebung, Photonen,
Elektronen, Atome bis hin zu Molekülen. Man
muss also nicht nur eingreifen in die Natur,
sondern man muss diese Eingriffe, von denen
Jürgen Audretsch schon immer wieder spricht,
auch interpretieren bzw. bewerten, was diese
Eingriffe in Form von Experimenten eigentlich
aussagen. Ich würde sagen, das Wesentliche ist
das Subjekt, und nicht irgendeine anscheinend
objektive Aussage oder ein als objektiv
bezeichneter Prozess. Das Subjekt denkt, aber
denkt die Natur auch? Will sie uns etwas sagen,
mitteilen?
Viele WissenschafterInnen sind sich einig, dass
der Klimawandel durch Menschen ausgelöst wird,
durch unsere Eingriffe in die Natur verändert
sich diese Natur dramatisch, nur wenige sehen
nicht den Menschen als Hauptverursacher.
Wenn man objektive Aussage machen kann über die
Natur, dann müsste doch die Natur etwas
Objektives sein oder haben?

Das Buch Dr.Bertlmanns Socken ist für all jene
empfehlenswert, die die naturwissenschaftliche
Methode als zu einseitig erleben, und darüber
hinaus andere Perspektiven und Einsichten
suchen. Durch den Ausschluss des Subjekts der
Erkenntnis aus dem Bereich der Naturerforschung
geht laut Shimon Malin die Lebendigkeit
verloren, es ist ein lebloses Universum, leblos
und kalt, leblose Materie, und das stört ihn,
er sieht ein lebendiges Universum mit
lebendigen Erscheinungen, Objekten.
In der Tat sprengen seine Ansichten den
gewohnten wissenschaftlichen Rahmen, aber er
bezieht sich sehr stark und oft auf die beiden
griechischen Philosophen Platon und Plotin und
den britischen Philosophen Whitehead, auf deren
Philosophie geht er sehr genau ein, man bekommt
einen guten Einblick. Für mich aber war aus
einer meiner erst vor wenigen Monaten gemacht
Erfahrungen, ein sogenanntes Aha-Lebeerlebnis
entscheidend, dass er die Dichotomie zwischen
Körper und Geist oder Materie und Geist durch
die Whitehead`sche Philosophie der Erfahrung
auflöst, das bedeutet, dass es diese Trennung
gar nicht gibt. Ich habe das durch körperliche
Beschwerden erlebt, die sich einmal als rein
emotionales Unwohlsein bemerkbar gemacht haben,
ein anderes Mal wiederum als rein körperliches
Unwohlbefinden, ich hatte den Eindruck durch
das Erleben bzw. durch diese Erfahrung, dass es
keine klare Trennung gibt zwischen körperlichen
und seelischen Beschwerden, dass es ein
Organismus ist, den man nicht zerteilen kann in
Körper und Seele oder Körper und Geist, dass
beides gleichzeitig wahrnehmbar ist und spürbar
ist. Shimon Malin würde diese Erkenntnis

wahrscheinlich als die von ihm geforderte
Kontemplation bezeichnen durch die man die
diskursive Ebene des Subjekt-Objekt Modus der
wissenschaftlichen Methode aufheben kann.
Spannend wird es allerdings dann, wenn man
versucht sich vorzustellen, wie man denn ein
Quantenereignis, den Übergang vom Möglich zum
Wirklichen, also von der Überlagerung von
möglichen Eigenschaften eines Quantensystems zu
einer konkreten Messung durch ein Messgerät,
als kontemplativen Vorgang erfahren kann. In
dem Moment, wo der Quantenzustand kollabiert,
sieht er den für die Quantenphysik typischen
Zufall, der aber durch die statistische
Wahrscheinlichkeitsverteilung begrenzt wird, in
diesem Prozess zeigt sich der Indeterminismus
der Quantenphysik.
Die Wahrscheinlichkeitsverteilung beschreibt
die Schrödingergleichung, diese ist
determiniert, das heißt, man kann genau sagen,
mit welcher Wahrscheinlichkeit das Elektron an
den verschiedenen möglichen Orten auftreffen
wird auf dem Leuchtschirm, aber an welchen Ort
es genau auftreffen wird, kann man eben nicht
exakt vorhersagen.
Wenn man sich viel mit dem Zufall und diesem
Indeterminismus der Quantenphysik beschäftigt,
kann ich mir auch für unser menschliches Leben,
für unseren Alltag gar nicht mehr vorstellen,
dass alles vorherbestimmt ist, was wir erleben,
dass es so etwas wie ein Schicksal gibt, dem
man nicht entrinnen kann. Wie können jegliche
Ereignisse vorherbestimmt sein, wenn doch unser
Leben, unsere Erfahrungen, unser Verhalten,
unsere Gefühle und unser Denken so verschieden
und so komplex sind. Es gibt ja ähnlich wie in

der Quantenphysik so viele möglichen
Entscheidungen, Erfahrungen und Lebenswege, die
wir treffen, erleben und gehen können. Der
Übergang vom Möglichen zum Wirklichen, von
möglichen Entscheidungen, die wir treffen
können zu einer tatsächlichen Entscheidung, die
zu einem bestimmten Verhalten führt, ist ja
ebenso wie in der Quantenphysik ein Übergang
von einem zeitlosen Zustand in einen
zeitgebundenen. Und dann kommen so viele
verschiedene Einflussfaktoren hinzu, äußere und
innere Bedingungen.
Beeinflusst eigentlich nur die Schicksalsthese
unseren freien Willen oder beschränkt der
Zufall auch den freien Willen?
Zufällige Ereignisse sind ja nicht geplant, und
nicht gewollt, manchmal sind sie unerwünscht,
manchmal bringen sie auch positive Wendungen in
unser Leben.
Eine Cousine von mir definiert den Zufall als
etwas, das einem zufällt, eine Art von
persönlicher Anziehung.
Für mich sind Zufall und freier Wille
vereinbar, zufällige Ereignisse sind die
Überraschungen des Lebens mit denen man nicht
gerechnet hat, die man nicht vorhersehen
konnte. Freie Entscheidung und handeln nach
Plan, einer Strategie und einem Ziel ist
dadurch nicht beeinträchtigt, und damit ist
auch die Verantwortung für das eigene Handeln
und den jeweiligen Auswirkungen gegeben.
Eine Verantwortung, die interessanterweise
NaturwissenschaftlerInnen für die Folgen der
Anwendungen ihrer Forschungen nicht sehen
wollen. Sie gehen auf Distanz zu Entwicklungen,
die aber gerade sie ausgelöst haben und möglich

gemacht haben. Und da schließt sich der Kreis
wieder, und wir sind bei dem von Erwin
Schrödinger bezeichneten Prinzip der
Objektivierung, das Subjekt der Erkenntnis
schließt sich aus aus dem Bereich der Natur,
die es verstehen will. Aber was ist das Motiv,
ist diese Objektivierung wirklich notwendig, um
zu wissenschaftlichen Erkenntnissen zu kommen
oder ist es gar eine Illusion, anzunehmen, das
Subjekt der Erkenntnis, also die Forschenden
können sich selber ausklammern? Und fließt denn
in Wahrheit nicht das Subjekt doch mit ein in
die Forschungen durch die Wahl des
Forschungsgegenstandes, durch die Bewertung von
den Ergebnissen von Experimenten und durch das
Weltbild einer Zeit? Ist denn die Annahme einer
objektiven Methode nicht auch der Einfluss des
Subjekts, die Natur selber drängt sich ja nicht
auf mit irgendeiner Methode, sie ist einfach
da, und das Subjekt ist Teil dieser Natur und
kann sich also nicht wirklich ausklammern aus
der Erforschung von Naturphänomenen, da diese
auch das Subjekt betreffen können.
Physikalische Naturgesetze gelten auch für das
Subjekt, wie etwa die Schwerkraft, die
Sonnenstrahlung, die Drehung der Erde um sich
selbst und um die Sonne haben Einfluss auf
unser Leben, und viele Beispiele mehr.
Ist es denn nicht eigenartig, dass das
menschliche Leben in der physikalischen
Forschung gar nicht vorkommt?
In der Quantenphysik jedoch hat man bald
festgestellt, dass jene, die die Experimente
durchführen-die BeobachterInnen-sehr wohl einen
Einfluss darauf haben, welche Art von Messung
durch das Experiment gemacht werden kann, ob

man den Ort oder den Impuls eines Elektrons messen will, oder ob man beispielsweise den Spin des Elementarteilchens messen will, das Ergebnis entzieht sich aber der Macht der ExperimentatorInnen.

QUANTENPHYSIK, WIRKLICHKEIT, OBJEKTIVITÄT UND RECHT

Um die Quantenphysik besser verstehen zu können, kommt jetzt ein Auszug aus dem Buch von John Gribbin: Auf der Suche nach Schrödingers Katze, Quantenphysik und Wirklichkeit. Wie schon im Buchtitel angesprochen geht es um die mehr oder weniger berühmte Schrödingers Katze. Gribbin schreibt auf Seite 220 des genannten Buchs:" Im Druck erschien das berühmte Katzenparadoxon erstmals im Jahr 1935, und im gleichen Jahr erschien die Arbeit von Einstein, Podolsky und Rosen (EPR). Nach Einsteins Ansicht zeigte Schrödingers Vorschlag am hübschesten, daß die Wellendarstellung der Materie eine unvollständige Darstellung der Realität ist; in der Quantentheorie wird das Katzenparadoxon heute noch im Zusammenhang mit dem EPR - Argument diskutiert. Doch im Unterschied zum EPR - Argument ist es nicht zu jedermanns Zufriedenheit aufgelöst worden. Dabei steckt hinter diesem Gedankenexperiment eine ganz einfache Vorstellung. Man denke sich, so schlug Schrödinger vor, eine Kiste, in der sich eine radioaktive Quelle befindet, ein

Detektor, der das Vorhandensein von
radioaktiven Teilchen feststellt (etwa einen
Geigenzähler), eine Glasflasche mit einem Gift
wie etwa Zyanid, und eine lebende Katze. Der
Detektor ist so eingestellt, daß er gerade
lange genug angeschaltet ist, so daß sich eine
Chance von 50 Prozent dafür ergibt, daß eines
der Atome des radioaktiven Materials zerfällt
und der Detektor ein Teilchen registriert.
Registriert der Detektor tatsächlich ein
solches Ereignis, so wird die Glasflasche
zertrümmert, und die Katze stirbt; wenn nicht,
lebt die Katze. Was bei diesem Experiment
herauskommt, können wir erst wissen, wenn wir
die Kiste öffnen und hineinschauen; der
radioaktive Zerfall vollzieht sich ganz und gar
zufällig und ist außer in einem statistischen
Zustand unvorhersagbar. So wie beim Zwei
Löcher-Experiment nach der strikten
Kopenhagener Deutung eine gleiche
Wahrscheinlichkeit dafür besteht, daß ein
Elektron durch das eine oder andere Loch geht,
und die beiden überlappenden Möglichkeiten zu
einer Überlagerung von Zuständen führen, müßte
sich auch hier aus den gleichen
Wahrscheinlichkeiten für einen radioaktiven
Zerfall und für keinen radioaktiven Zerfall
eine Überlagerung von Zuständen ergeben. Das
ganze Experiment einschließlich der Katze steht
unter der Regel, daß die Überlagerung solange
"real" ist, bis wir nachschauen, was aus dem
Experiment geworden ist, und daß erst im
Augenblick der Beobachtung die Wellenfunktion
zu einem der beiden Zustände kollabiert. Bevor
wir nicht hineinschauen, gibt es eine
radioaktive Probe, die sowohl zerfallen als

auch nicht zerfallen ist, eine Giftflasche, die
weder zerbrochen noch unzerbrochen ist, und
eine Katze, die sowohl tot als auch lebendig,
weder lebendig noch tot ist. Sich ein
Elementarteilchen wie ein Elektron
vorzustellen, das sich weder hier noch dort,
sondern in einer Überlagerung von Zuständen
befindet, ist eine Sache; sehr viel schwerer
fällt es, sich eine vertraute Sache wie eine
Katze vorzustellen, die sich in einer solchen
Art von Scheintod befindet. Schrödinger hatte
sich das Beispiel ausgedacht, um zu zeigen, daß
die strikte Kopenhagener Deutung einen Fehler
hat, denn offensichtlich, kann die Katze nicht
gleichzeitig lebendig und tot sein. Aber ist
das wirklich offensichtlicher als die Tatsache,
daß ein Elektron nicht gleichzeitig Teilchen
und Welle sein kann? Der gesunde
Menschenverstand wurde als Führer in die
Quantenrealität bereits auf die Probe gestellt
und für unzuverlässig befunden. Das einzige,
was wir im Hinblick auf die Quantenwelt mit
Sicherheit wissen, ist, daß wir unserem
gesunden Menschenverstand nicht trauen dürfen
und nur an das glauben sollten, was wir direkt
sehen oder mit Hilfe unserer Instrumente
unzweideutig feststellen können. Wir wissen
nicht, was in einer Kiste los ist, solange wir
nicht hineinschauen.
Über die Katze in der Kiste hat man sich seit
fünfzig Jahren gestritten. Dabei behauptet eine
Richtung, es bestehe überhaupt kein Problem, da
die Katze selbst durchaus entscheiden könne, ob
sie lebendig oder tot ist, und daß das
Bewußtsein der Katze ausreiche, um den Kollaps
der Wellenfunktion auszulösen. (...)

Als Juristin muss ich schon dazu sagen, dass Sachverhalte zwar erst dann relevant werden, wenn wir davon Kenntnis besitzen, aber die Vorgänge in der Kiste können auch dann, wenn noch niemand weiß, was in der Kiste geschehen ist, ob die Katze getötet wurde oder nicht, auch schon rechtlich bedeutend sein können, also nicht erst dann, wenn man die Kiste öffnet. Denn, auch wenn von einem Todesfall noch niemanden weiß, kann er dennoch geschehen sein. Juristisch betrachtet kann man annehmen, dass dieses Gedankenexperiment alleine schon im Ansatz ein Problem aufwirft, denn wie kann man eine Katze, oder ein Lebewesen überhaupt so einer Situation aussetzen, alleine die Möglichkeit des Sterbens erscheint schon grausam oder rechtswidrig. Da zwar der Zufall entscheidet mit einer 50% Wahrscheinlichkeit über das Leben der Katze, aber die Entscheidung doch beim Menschen liegt, so ein Versuchsexperiment aufzubauen, klingt der gedankliche Versuch die quantenphysikalischen Eigenschaften von der Mikro- auf die Makroebene zu bringen, um es besser oder anders veranschaulichen zu können, sehr konstruiert. Doch erst nachdem ich diese Zeilen geschrieben habe, ist mir wieder eingefallen, dass ich im Frühling 2007 im Zuge eines längeren Austausch per Mail mit einem Quantenphysiker folgendes zu Schrödingers Katze aus juristischer Sicht ihm geschrieben habe:" Ein Tier ist eine Sache, und deshalb kommt §125 des österreichischen Strafgesetzbuchs, der Tatbestand der Sachbeschädigung zur Anwendung, aber ich muss mich auch erst überzeugen, ob die Katze

wirklich tot ist, daher gilt aus juristischer
Betrachtung Ähnliches wie in der Quantenphysik,
nämlich solange ich es nicht weiß, ist sowohl
eine Sachbeschädigung möglich als auch keine,
man muss keine polarisierte Sicht vertreten!
Man sollte beide Varianten für gleich
wahrscheinlich annehmen, weil die
Unschuldsvermutung gilt."
Der Quantenphysiker hat mir damals geantwortet,
dass meine juristischen Überlegungen vermutlich
nicht so schnell praxisrelevant sein werden,
womit man sieht, dass Schrödingers Katzen
Gedankenexperiment auf der rein makroskopischen
Ebene von uns Menschen, in diesem Fall, aus
juristischer Sicht, doch zu unrealistisch
erscheint.
Das waren also 2007 meine Überlegungen zu dem
Gedankenexperiment von Schrödingers Katze. Da
ich heute aber oben eine andere Anschauung aus
juristischer Sicht vertreten habe, sieht man
sehr gut, wie entscheidend der Blickwinkel ist.
Rein von außen betrachtet, weiß man es nicht,
doch drinnen in der Kiste, kann etwas
geschehen, und wenn man dieses Innenleben
einbezieht, sieht es wieder anders aus, auch
die QuantenphysikerInnen haben zu Schrödingers
Katze wie John Gribbin ausführt,
unterschiedliche Perspektiven gesehen, und
daher ist dieses Gedankenexperiment so
interessant, und nun lasse ich wieder den
Quantenphysiker John Gribbin zu Wort kommen:"
Auf der anderen Seite können wir uns, da es
hier nur um ein Gedankenexperiment geht,
vorstellen, daß ein Mensch als Freiwilliger die
Stelle der Katze in der Kiste einnimmt
(manchmal bezeichnet man den Freiwilligen als

Wigners Freund, nach Eugene Wigner, einem Physiker, der über Abwandlungen des Katzenexperiments gründlich nachgedacht hat(..) Der Mensch in der Kiste ist eindeutig ein kompetenter Beobachter, der die quantenmechanische Fähigkeit besitzt, Wellenfunktionen zum Kollaps zu bringen. Wenn wir die Kiste öffnen in der Annahme, ihn noch lebend anzutreffen, können wir sicher sein, daß er nicht von irgendwelchen mystischen Erfahrungen berichten wird, sondern daß er einfach sagen wird, die radioaktive Quelle habe innerhalb der festgesetzten Zeit keine Teilchen erzeugt. Dennoch können wir, die wir außerhalb der Kiste sind, die Verhältnisse innerhalb der Kiste korrekt als eine Überlagerung von Zuständen beschreiben, solange bis wir nachschauen. (.....)
Na ja, doch als Nichtphysikerin erlaube ich mir die Anschauung, dass ich nicht einem überlagerten Zustand denken muss, da ja entweder der radioaktive Zerfall stattgefunden hat oder eben nichts geschehen ist. Also kann man auch von einem entweder oder Zustand sprechen, ich weiß zwar nicht, was wirklich geschehen ist, solange ich nicht nachgesehen habe, aber ich weiß, dass ENTWEDER der eine Zustand ODER der andere Zustand eingetreten ist. Auf die mikroskopischen Ebene, wo die quantenphysikalischen Eigenschaften wirksam werden, ist diese Sichtweise nicht ausdehnbar, denn solange der quantenphysikalische Zustand nicht gemessen wird, gibt es keine bestimmten Eigenschaften, diese existieren nicht, während bei Schrödingers Katzenexperiment in der Kiste etwas geschehen kann, also ein bestimmter

Zustand auch dann eintreten kann, wenn ich
nicht hinschaue, hingegen bleibt auf der Ebene
der Quantenphysik, wenn man nicht hinschaut,
der Zustand der Unbestimmtheit, der Möglichkeit
von bestimmten Eigenschaften. Bei Schrödingers
Katzen Gedankenexperiment gibt es eben nicht
nur die Möglichkeit, solange ich nicht in die
Kiste hineinschaue, sondern es kann tatsächlich
ein bestimmter Zustand eintreten, und das ist
doch ein großer Unterschied, finde ich.
Allerdings hat der Physiker Serge Haroche mit
Atomen, auch einzelnen Atomen experimentiert,
die er in kleinen reflektierenden Hohlräumen
mit nur wenigen Photonen wechselwirken ließ,
und tatsächlich wurden makroskopisch
unterscheidbare klassische Zustände trotz der
quantenphysikalischen Überlagerungen sichtbar.
Dieses Experiment gilt als Realisierung von dem
Gedankenexperiment Erwin Schrödingers von der
Katze in der Kiste. Serge Haroche bekam dafür
gemeinsam mit dem Kollegen David Wineland 2012
dem Nobelpreis.
Wobei man sagen muss, dass eine Katze ein
größeres klassisches Objekt ist, und daher die
Durchführung eines solchen Experiments noch
schwieriger zu realisieren wäre.

Einer noch anderen Auffassung zufolge kommt es
nicht darauf an, dass ein Mensch oder auch nur
ein Lebewesen bemerkt, wie das Experiment
ausgeht, sondern darauf, dass das Ergebnis
eines Ereignisses in der Quantenwelt auch
registriert wird, daß es sich in der Makrowelt
auswirkt. „Es mag sein, daß das radioaktive
Atom sich in einer Überlagerung von Zuständen
befindet, doch es genügt sogar ein

Geigenzähler, der nach den Zufallsprodukten
schaut, und schon wird das Atom in den einen
oder andern Zustand gezwungen, sei es des
Zerfalls, sei es des Nichtzerfalls.
Anders als das EPR - Gedankenexperiment hat
also das Experiment mit der Katze in der Kiste
tatsächlich einen paradoxen Beigeschmack. Es
läßt sich mit der strikten Kopenhagener Deutung
nicht vereinbaren, wenn man nicht die
"Realität" einer lebendig-toten Katze
akzeptiert, und es hat Wigner und John Wheeler
veranlaßt, die Möglichkeit in Erwägung zu
ziehen, daß wegen des unendlichen Regresses von
Ursache und Wirkung das ganz Universum seine
"reale" Existenz allein der Tatsache verdanken
könnte, daß es von intelligenten Wesen
beobachtet wird. Die paradoxeste all der
Möglichkeiten, die in der Quantentheorie
stecken, geht direkt auf Schrödingers
Katzenexperiment zurück, und sie stützt sich
auf ein Experiment, das Wheeler als Experiment
der verzögerten Entscheidung bezeichnet."
Soweit der Auszug aus John Gribbins Buch über
Schrödingers Katze von Seite 220 folgende.
Um den Hintergrund des Gedankenexperiments
Schrödingers Katze besser zu verstehen, und
weil in dem von mir zitierten Auszug von John
Gribbin auf die Kopenhagener Deutung der
Quantenphysik verwiesen wird, kommt nun eine
kurze Beschreibung dieser Deutung, die auf
Niels Bohr zurückgeht, und die dieser bei einem
Vortrag in Como(Italien) hielt, und in dem er
jene Deutung präsentierte, die als Kopenhagener
Deutung bekannt wurde. Dazu muss man erklären,
dass Niels Bohr in Kopenhagen Physikprofessor
war.

144

In diesem Vortrag schreibt John Gribbin auf
Seite 176 in dem Buch "Schrödingers Katze"
sagte Niels Bohr: " In der klassischen Physik
stellen wir uns vor, daß ein System von
wechselwirkenden Teilchen unabhängig davon, ob
es beobachtet wird oder nicht, wie ein Uhrwerk
funktioniert, während in der Quantenphysik der
Beobachter in einem solchen Ausmaß mit dem
System wechselwirkt, daß man vom System nicht
sagen kann, es habe eine unabhängige Existenz.
Wenn wir uns entscheiden, den Ort genau zu
messen, zwingen wir ein Teilchen, hinsichtlich
seines Impulses größere Unbestimmtheit zu
entwickeln, und umgekehrt; wenn wir uns
entscheiden, durch ein Experiment
Welleneigenschaften zu messen, schließen wir
die Teilchenmerkmale aus, und es gibt kein
Experiment, das uns gleichzeitig sowohl den
Teilchen-als auch den Wellencharakter enthüllt
usw. In der klassischen Physik können wir die
Orte von Teilchen in der Raum-Zeit exakt
beschreiben und ihr Verhalten ebenso exakt
vorhersagen; in der Quantenphysik können wir
das nicht, und in diesem Sinne ist sogar die
Relativitätstheorie eine klassische Theorie,
mit diesen Worten gibt John Gribbin Niels Bohr
in seinem Vortrag wieder.
Auch die im vorherigen Kapitel erwähnte Karen
Barad hat sich in ihrem Werk mit der Deutung
der Quantenphysik von Niels Bohr kritisch
auseinandergesetzt.
Diese für die Quantenphysik typische
Unbestimmtheit hat der Physiker Werner
Heisenberg mathematisch formuliert.
In dem Buch:" Quanten" schreibt der Autor
Manjit Kumar auf Seite 297 folgende Aussagen

ebenfalls über die Kopenhagener Deutung nach
Bohr: „Da gleich mehrere Gleichungen, die die
Quantenphysik beschreiben, nämlich die Planck-
Einsteinformel, und auch die Gleichung von de
Broglie, einen Dualismus von Welle und Teilchen
beinhalten:
Energie und Impuls sind Eigenschaften, die
gewöhnlich mit Teilchen verknüpft werden,
während Frequenz und Wellenlänge Merkmale von
Wellen sind. Jede Gleichung enthielt eine
teilchenartige und eine wellenartige Variable.
Die Bedeutung dieser Kombination aus Teilchen
und Wellenmerkmalen in einer einzigen Gleichung
plagte Bohr. Schließlich sind ein Teilchen und
eine Welle zwei völlig verschiedene
physikalische Phänomene.
Und der Autor schreibt weiter:" (...) entdeckte
Bohr, dass die oben beschriebene Beobachtung
auch für die Unschärferelation galt. Diese
Erkenntnis veranlasste ihn zu folgender
Deutung: Die Unschärferelation offenbare,
inwieweit zwei komplementäre, aber sich
gegenseitig ausschließende klassische Konzepte-
entweder Teilchen und Welle oder Impuls und
Position-gleichzeitig angewendet werden
könnten, ohne in der Quantenwelt zu
Widersprüchen zu führen". Er zitiert Bohr:" Es
gibt einen feinen Unterschied zwischen der
Welle-Teilchen-Komplementarität und der
Komplementarität eines beliebigen Paars
physikalischer Observablen wie Position und
Impuls. Laut Bohr schließen sich die
komplementären Welle-Teilchen-Aspekte von
Elektronen oder Licht gegenseitig aus. Wir
haben stets mit dem einen oder anderen zu tun.
Bei einem Paar dagegen wie etwa die Position

146

oder Impuls eines Elektrons schließen sich die beiden Größen nur dann gegenseitig aus, wenn entweder die eine oder die andere mit absoluter Genauigkeit gemessen wird. Ansonsten ist die Genauigkeit, mit der beide gemessen und damit gewusst werden können, durch die Unschärferelation von Position und Impuls gegeben".
In seinem Buch" Quanten" schreibt Manjit Kumar auf Seite 314 weiter:" In der Theorie der Führungswelle, wie de Broglie sie später nannte, existiert ein Elektron real sowohl als Teilchen wie als Welle, im Gegensatz zur Kopenhagener Deutung nach der sich ein Elektron entweder wie ein Teilchen oder wie eine Welle verhält, je nachdem welche Art Experiment vorgenommen wird. Dagegen de Broglie: Teilchen und Welle seien gleichzeitig vorhanden, wobei das Teilchen wie ein Surfer auf der Welle reite. Die Welle sei(...) im Gegensatz zu Bohrs abstrakten Wahrscheinlichkeitswelle real."

Diese Diskussion über derartig unterschiedliche Auffassungen unter den bekannten Physikern ist für mich als Juristin mit diesem besonderen Interesse an Quantenphysik sehr bemerkenswert. Denn im Grunde heißt das doch, dass unterschiedliche Interpretationen über die quantenphysikalischen Phänomene trotz eindeutiger mathematischer Formulierung der Quantentheorie durch die Schrödinger Gleichung, die Heisenbergsche Unschärferelation, Bells Ungleichung etc. möglich sind. Das erscheint mir ein Widerspruch zu sein, wieso sind die mathematischen Formulierungen eindeutig und die Interpretationen mehrdeutig? Wieso kann man

147

einerseits behaupten, dass es sich um entweder
um eine Welle oder ein Teilchen handelt je nach
Experiment oder man argumentiert, dass es
gleichzeitig sowohl als auch ist? Ist denn die
Mathematik so schwer in die Sprache zu
übersetzen oder lässt die Quantenphysik gar
keine eindeutigen Erklärungen zu oder haben die
PhysikerInnen diese noch nicht wirklich
verstanden?
All diese Fragen sind gar nicht unwesentlich
finde ich, wenn man sich mit den rechtlichen
Folgen von möglichen Anwendungen der
Quantenphysik in Quantentechnologien
beschäftigt. Denn wieso ist denn dann
eigentlich die Abhörsicherheit so eindeutig,
wenn die Quantenphysik sehr wohl
unterschiedliche Interpretationen zulässt?
Ein Artikel in der Wissenschaftszeitschrift
P.M. vom 1/0217 über die Grenzbereiche der
Physik gibt einen Einblick in die
Interpretationen der Quantenphysik: „Marissa
Giustina, Doktorandin des Wiener Quantenpapstes
Anton Zeilinger drückt es so aus: Wir wissen
jetzt, dass die Natur in ihrem Kern nicht
lokal-realistisch ist.
Die Regeln der klassischen Physik, etwa Newtons
mechanische Gesetze, setzen stillschweigend
voraus, dass die Dinge auch dann ihre
Eigenschaften besitzen, wenn man sie noch nicht
gemessen hat. Das bezeichnen
Wissenschaftsphilosophen als Realismus.
Glaubst du etwa, dass der Mond nur da ist, wenn
du hinschaust? fragte Albert Einstein einmal
auf einem Spaziergang seinen Freund und
Kollegen Abraham Pais.
Auch das Prinzip der Lokalität entspricht

unserer Erfahrung: Es besagt, dass physikalische Vorgänge nur auf ihre direkte Umgebung unmittelbare Auswirkungen haben und nicht ohne Zeitverzögerung auf weit entfernte Objekte wirken können.
Ein Experiment unter Federführung von Marissa Giustina aber zeigt: Verschränkte Teilchen können unmöglich beide Anforderungen der klassischen Physik zugleich erfüllen.
Bereits die Frage, ob die Welt nun nicht-realistisch, aber lokal, nicht-lokal, aber realistisch oder doch nicht-lokal und nicht-realistisch ist, ist selbst unter den Experten umstritten.
Ich habe dazu schon so viele unterschiedliche Meinungen gehört, sagt Marissa Giustina."
Dieser Auszug aus diesem Artikel im P.M. zeigt auf, wie unterschiedlich die verschiedenen Interpretationen unter QuantenphysikerInnen diskutiert werden.
Und weiter wird in diesem Artikel noch ein anderer Quantenphysiker zitiert:" Rupert Ursin hätte kein Problem damit, wenn Realismus und Lokalität keine Grundprinzipien der Natur wären. Gelassen sieht er auch, dass das Gesetz von Ursache und Wirkung offenbar nicht mehr gilt: Fest steht, dass es den objektiven Zufall gibt, dass also Dinge ohne Grund passieren, sagt er.
Einig sind sich beide, dass das eben schon Interpretationen der Quantenphysik sind, die über die eigentlichen experimentellen Ergebnisse hinausgehen: Was mich vor allem an dem Ganzen fasziniert, ist die Tatsache, dass sich der lokale Realismus überhaupt mit einem Experiment überprüfen lässt, sagt Marissa

149

Giustina, das ist ja eine philosophische Frage-
und dass ich ins Labor gehen kann und darüber
etwas Aussagekräftiges messe, das ist
fantastisch, zitiert sie dieser Artikel.

Manjit Kumar schreibt weiter auf Seite 319:"
Bislang waren Naturwissenschaftler immer von
der stillschweigenden Voraussetzung
ausgegangen, sie seien passive Betrachter der
Natur, das heißt, sie könnten beobachten, ohne
zu stören, was sie beobachteten. Es gab eine
messerscharfe Unterscheidung zwischen Objekt
und Subjekt, zwischen Beobachter und
Beobachtetem. Nach der Kopenhagener Deutung
galt das nicht für den atomaren Bereich, denn
für Bohr bestand das Wesen der neuen Physik im
Quantenpostulat. Diesen Begriff führte Bohr
ein, um das Vorhandensein der Diskontinuität
infolge der Unteilbarkeit des Quants zu
beschreiben. Das Quantenpostulat habe zur
Folge, so Bohr, dass es keine klare Trennung
zwischen Beobachter und Beobachtetem gebe. Bei
der Untersuchung atomarer Vorgänge bedeute die
Wechselwirkung zwischen dem, was gemessen
werde, und den Meßgeräten, " dass eine
unabhängige Wirklichkeit im üblichen
physikalischen Sinn weder dem Phänomen noch dem
Beobachtungsmitteln zugeschrieben werden kann."
Die Wirklichkeit die Bohr vorschwebte, schreibt
Kumar weiter, gab es nicht ohne Beobachtung.
Nach der Kopenhagener Deutung besitzt ein
mikrophysikalisches Objekt keine ihm
innewohnenden Eigenschaften. Ein Elektron
existiert einfach an keinem Ort, bis es durch
eine Beobachtung oder eine Messung lokalisiert
wird. Es besitzt keine Geschwindigkeit und

keine andere physikalische Eigenschaft, bis
diese gemessen wird. Zwischen den Messungen ist
die Frage nach dem Ort oder der Geschwindigkeit
eines Elektrons sinnlos. Da die Quantenmechanik
nichts über eine unabhängig von den Messgeräten
vorhandene physikalische Wirklichkeit aussagt,
wird das Elektron nur im Messakt "wirklich".
Ein unbeobachtetes Elektron existiert nicht. Zu
dieser Deutung der Quantenphysik nach der
Kopenhagener Deutung nach Bohr, die Manjit
Kumar auf Seite 320 seine Buches" Quanten"
beschreibt, muss man sagen, dass sich die
Kopenhagener Deutung nach Bohr zwar
durchgesetzt hat, lange Zeit hatte sie die
Deutungshoheit, aber die Kritik an dieser
Deutung wurde schon mit der Zeit lauter, und es
sind heute längst nicht mehr alle PhysikerInnen
mit dieser Deutung einverstanden.
Neben anderen Interpretationen der
Quantenmechanik ist die Kopenhagener Deutung
die älteste und wohl bekannteste
Interpretation.
"Die Kopenhagener Deutung verlangt einen
Beobachter außerhalb des Universums, der es
betrachtet, doch da es - wenn wir Gott bei-
seite lassen - dort keinen gibt, hätte das
Universum niemals entstehen dürfen, sondern
immer in einem Überlagerungszustand vieler
Möglichkeiten bleiben müssen. Das ist das alte
Messproblem, ins Große übertragen. Schrödingers
Gleichung, die die Quantenwirklichkeit als
Überlagerung von Möglichkeiten beschreibt und
jeder Möglichkeit eine Reihe von
Wahrscheinlichkeiten zuweist, trägt dem Messakt
keine Rechnung. In der Mathematik der
Quantenmechanik gibt es keine Beobachter. Die

Theorie sagt nichts über den Kollaps der Wellenfunktion aus, die plötzliche und diskontinuierliche Zustandsveränderung eines Quantensystems bei Beobachtung oder Messung, wenn das Mögliche zum Wirklichen wird. In Hugh Everetts Viele-Welten Interpretation ist keine Beobachtung oder Messung erforderlich, um die Wellenfunktion zum Kollaps zu bringen, weil jede Quantenmöglichkeit als konkrete Wirklichkeit in einer Reihe von Paralleluniversen existiert," schreibt Manjit Kumar auf Seite 428, 429 seines Buchs: Quanten, und er stellt dann fest, dass Albert Einstein mit seinem beharrlichen Zweifel an der Vollständigkeit der Quantenmechanik nicht nur mit Niels Bohr in einer jahrelangen wissenschaftlichen Debatte stand, sondern darüber hinaus andere Physiker, wie John Bell, Hugh Everett oder David Bohm anregte die Kopenhagener Deutung kritisch zu überprüfen. " Die Einstein-Bohr Debatte über das Wesen der Wirklichkeit war der Grund, warum Bell seine Ungleichung entwickelte. **Die direkte und indirekte Überprüfung der Bell`schen Ungleichung führte zur Entstehung neuer Forschungsfelder, unter anderem der Quantenkryptografie, der Quanteninformationstheorie und der Quantencomputer. „**
John Bell stellte seine mathematischen Berechnungen seiner Ungleichung 1966 an, er rechnete mit den 3 Spin - komponenten einzelner Protonen. Experimentell überprüft wurden diese aber erst seit den 1970iger und 1980iger Jahren. Er ging von der Annahme aus, dass die

Welt lokal-realistisch sei, wie auch Albert Einstein sie wahrnahm. Doch diese Annahme bestätigte sich weder in seinen Berechnungen noch in den darauffolgenden experimentellen Überprüfungen.

Allerdings erinnere ich mich an ein Gespräch mit einem Quantenphysikprofessor an der Universität Wien, der mir widersprochen hat, wie ich gemeint habe, Welle und Teilchen seien gleichzeitig in der Quantenphysik. Er sagte, es ist eben nicht gleichzeitig, sondern es ist je nach Experiment entweder eine Welle oder ein Teilchen. Dieser Teil der Kopenhagener Deutung hat sich also schon sehr stark durchgesetzt, und nicht de Broglies Interpretation der Gleichzeitigkeit von Welle und Teilchen.
Aber diese Position, dass ein Elektron oder andere Elementarteilchen nicht wirklich sind, bevor man sie misst, ist nicht gängige Meinung der PhysikerInnen.
Der Quantenphysiker Thomas Juffmann hat 2012 das Ergebnis eines Experiments publiziert, in dem es ihm gelungen ist mit einer Kamera sowohl das Auftreffen der Teilchen, der Moleküle, auf den Schirm als auch die Interferenzstreifen, also das Wellenbild, einzufangen. Zusätzlich wurde die Schwerkraft sichtbar, da die Streifen nicht parallel aufkommen. Die Schwerkraft wirkt auf kleinste Teilchen.
Dieses Experiment demonstriert sehr anschaulich, dass in der Zukunft durch weitere Experimente ein noch viel besserer Einblick in die Phänomene der Quantenphysik möglich sein wird.

Doch Manjit Kumar beschreibt auf Seite 320 noch
einen-finde ich-wesentlichen Punkt der
fundamentalen Debatte über Quantenphysik:
" Es ist ein Irrtum zu meinen, die Physik solle
herausfinden, wie die Natur ist, erklärte Bohr.
Die Physik beschäftigt sich mit dem, was wir
über die Natur sagen können. Nicht mehr. Nach
Bohrs Auffassung hatte die Naturwissenschaft
zwei Ziele: .... den Horizont unserer Erfahrung
zu erweitern und in ihm Ordnung zu schaffen.
Einstein dagegen meinte: Was wir Wissenschaft
nennen, hat ausschließlich das Ziel,
festzustellen, was ist. Für ihn war Physik der
Versuch, die Wirklichkeit zu erfassen, wie sie
unabhängig von der Beobachtung ist. In diesem
Sinn sagt er, spricht man von Physikalisch-
Realen. Bohr, mit der Kopenhagener Deutung
bewaffnet, interessiert sich nicht für das, was
ist, sondern für das, was wir einander über die
Welt erzählen können.
Wie Heisenberg später feststellte, sind Atome
und Elementarteilchen-anders als Objekte der
Alltagswelt-nicht ebenso wirklich. Sie bilden
eher eine Welt von Tendenzen oder Möglichkeiten
als eine von Dingen oder Tatsachen."
Als Juristin finde ich diese Interpretationen
sehr bedeutungsvoll, da ja Quantentechnologien
in unsere Alltagswelt dringen, wir bereits
Quantenkryptografie nutzen können, aber
natürlich auch andere Quantentechnologien wie
etwa den Laser oder die Kernspintomografie, die
schon lange in der Medizin erfolgreich
eingesetzt werden, aber auch in anderen
Lebensbereichen ist der Laser längst zur
Realität geworden in unserem Alltagsleben.

Eigentlich ist es doch paradox, dass die
Quantenphysik, die so wenig mit unserer
Alltagswirklichkeit zu tun hat, dennoch ein
Teil unserer Alltagswirklichkeit geworden ist.
Und da die Anwendungen der Quantenphysik in
unserem Alltag angekommen sind, werden sie auch
für das Rechtssystem relevant.

"Für Bohr und Heisenberg fand der Übergang vom
"Möglichen" zum "Tatsächlichen" während des
Beobachtungsakts statt. Es gab keine
zugrundeliegende Quantenwirklichkeit, die
unabhängig vom Beobachter existierte. Für
Einstein war der Glaube an eine
beobachterunabhängige Wirklichkeit unabdingbar
für die wissenschaftliche Tätigkeit. In der
Debatte, die nun zwischen Einstein und Bohr
begann, ging es um nicht weniger als die Seele
der Physik und das Wesen der Wirklichkeit,"
schreibt Manjit Kumar auf den letzten Zeilen
von der zitierten Seite 320.

Ich denke, dass in anderen Naturwissenschaften
wie Biologie, Medizin, selbst der Chemie die
Sicht von Einstein vorherrschende ist. Und auch
viele von uns NichtnaturwissenschafterInnen
denken, es muss eine Wirklichkeit geben, die
unabhängig von unserer Beobachtung existiert.
Wenn eine Krankheit bei einem Menschen durch
die Bilder einer Magnetresonanz-Untersuchung
diagnostiziert wird, dann ist diese auch
unabhängig von dieser Beobachtung da, man
könnte sich gar nicht vorstellen, dass diese
erst durch die Beobachtung wirklich wird, und
vorher nicht wirklich war.
Das Bild oder Abbild des Inneren im Körper

eines Menschen wird als Realität anerkannt in
der Medizin.
Wobei man schon immer dazu sagen muss, dass es
in der Quantenphysik nicht auf die Beobachtung
durch den Menschen ankommt, sondern auf die
Wechselwirkung mit der Umgebung, die eine
Wirklichkeit schafft.
Man erfährt, dass die Quantenphysik sich doch
sehr unterscheidet von der klassischen Physik,
die sichtbar ist, und unsere makroskopische
Welt bestimmt, während die Welt der
Quantenphysik auf der kleinsten Ebene entdeckte
wurde. Wenn nun neue Technologien entwickelt
werden auf Basis der Quantenphysik kann man
doch davon ausgehen, dass zahlreiche Folgen von
den Anwendungen durchaus nicht immer
gleichgesehen und mitbedacht wurden und werden
von den ForscherInnen. An der Abhörsicherheit
der quantenkryptografischen Anwendungen kann
man erkennen, wie sehr die ForscherInnen sich
auch irrten, denn die zunächst als abhörsicher
befundenen quantenkryptografischen Systeme,
haben einer Überprüfung ihrer tatsächlichen
Abhörsicherheit nicht standhalten können,
gegenwärtig sind sich die ForscherInnen
wiederum sicher, dass die neu entwickelten
Geräte nun doch gegen Hackerangriffe sicher
sein sollen. Allerdings wird nun betont, dass
die Abhörsicherheit auch von der Qualität der
Geräte abhängt, wie ich bereits einige Male
erwähnt habe.
Entscheidend war für mich jedoch der Kontakt
mit einem Mitarbeiter von Anton Zeilinger an
dem Quantenkryptografischen Forschungsprojekt
mit einem Satelliten in Zusammenarbeit mit
chinesischen ForscherInnen. Dieser Assistent

sagte nämlich, wie schon in dem Kapitel
Entwicklung der Quantenkryptografie ausgeführt,
dass die Quantenkryptografie aufgrund der
Nutzung des Phänomens der Verschränkung
abhörsicher ist. Diese Aussage hat er auch in
meiner E-Mailanfrage an ihn nochmals deutlich
angesprochen. Basieren quantenkryptografische
Anwendungen also auf Verschränkung von Teilchen
(in der Regel von Photonen) sind diese
abhörsicher, weil man sofort merkt, wenn ein
Abhörer oder eine Abhörerin eine Messung an
einem der verschränkten Teilchen macht.
Für JuristInnen stellt dies einen anderen
Anknüpfungspunkt dar als der Bezug auf die
Naturgesetze, die ja eigentlich außer
Diskussion stehen. Für eine bestmögliche
Qualität von solchen quantenkryptografischen
Geräten kann man wiederum Standards vorsehen
oder sogar verlangen, die eingehalten werden
müssen bei der Herstellung.
Wenn ich nun in den beschriebenen
Zukunftsszenario davon ausgehe, dass
Quantenkryptografie zur gängigen
Standardanwendung wird in PCs, Handys etc. dann
muss diese Technologie auch den auf Seite 147
meiner Buchs erwähnten internationalen IT-
Normen und den in den einzelnen Ländern wie
auch in Österreich entwickelten Vorgaben der
jeweiligen Informationshandbücher entsprechen.
Diese könnten aber, da es sich um eine neue
Technologie handelt, ebenfalls abgeändert bzw.
erweitert werden müssen-in Anlehnung an die
Besonderheiten der neuen Technologie der
Quantenkryptografie.

Mögliche negative Auswirkungen der neuen

Technologie der Quantenkryptografie in dem
Sinne, dass sie von kriminellen Organisationen
genutzt werden, oder auch die Nutzung im
militärischen Bereich, würde aus Sicht der
praktischen Anwendung keinerlei Änderungen
bringen im Vergleich zur Gegenwart. Denn auch
die gegenwärtig noch meistgenutzten
kryptografischen Anwendungen basierend auf
klassischer Physik gelten als sicher.
Die Zukunft könnte in dieser Hinsicht
Veränderungen bringen, unter der Voraussetzung,
dass bessere Computer als heute diese
Verschlüsselungssysteme knacken können, dann
wären die Daten nicht mehr geschützt durch die
Verschlüsselung. Doch eine solche nicht
auszuschließende Entwicklung würde eher für die
Anwendung von Quantenkryptografie sprechen als
dagegen. Natürlich würden auch Kriminelle diese
Technologie nutzen, um ihre Kommunikation zu
verschlüsseln. Doch gesetzlich gibt es jetzt
schon die Möglichkeit für die Polizei und die
Staatsanwaltschaft die Kommunikation von
verdächtigen Personen zu überwachen. Unbedingt
erwähnen muss man die Existenz des sogenannten
Darknets, - das dunkle Netz wörtlich übersetzt
-, ein geheimes Netz des Internets zwecks
krimineller Aktivitäten, dass man nur durch
eine bestimmte Verschlüsselungssoftware nutzen
kann, welches anonym genutzt wird für Waffen-
Drogenhandel oder Kinderpornografie.
Kriminelle setzen also beabsichtigt
Verschlüsselung ein, um ungestört ihre
Straftaten begehen zu können. Mit denselben
Motiven könnten sich sicherlich Kriminelle auch
für die Verschlüsselung mit Quantenkryptografie
interessieren. Technologien, auch das Internet

beispielsweise, können auch von Kriminellen
genutzt werden bzw. man könnte auch sagen,
missbraucht werden. Das wäre folglich keine
neue Entwicklung.
Nur die Polizei müsste ebenfalls mit bestimmten
technischen Mittel, die Verbrechen aufdecken,
im Falle der Verschlüsselung mit einer
bestimmten Software. Man braucht also ein
bestimmtes technisches Wissen dafür, und für
die Quantenkryptografie braucht es eben auch
ein spezielles Wissen, um einen möglichen
Missbrauch verhindern oder aufdecken zu können.

TEIL V: DIE ZUKUNFT

Die ausführliche Ausarbeitung der verschiedenen Szenarien beginnend mit Szenario 1:

Rufen wir uns das erste Szenario in Erinnerung: Die entwickelten quantenkryptografischen Verfahren kommen auf einem breiten Markt zur Anwendung, d.h. viele Menschen können diese nutzen, auch anstatt der bisherigen Verschlüsselungssysteme. Was würde sich denn nun in Hinblick auf die Datensicherheit und den Datenschutz ändern? Gebe es eine bessere Sicherheit, die auch merkbar wird, können beispielsweise Hacker nun keine erfolgreichen Angriffe mehr machen, würden sie quasi an der Wand der Sicherheit der Quantenkryptografie abprallen?
Praktische Anwendungsmöglichkeiten von Quantenkryptografie sind das Online Banking oder die SIM Karte des Handys, also häufig genutzte technische Geräte oder technische Möglichkeiten, die heute schon immer stärker genutzt werden, und in Zukunft noch mehr angeboten werden, und genutzt werden können. Man könnte dieses Szenario, damit es realistisch ist, in ein paar Jahren ansetzen, denn es scheint noch kein so weiter Weg mehr zu sein, bevor Quantenkryptografie den Markt erobert, und damit in den Alltag vieler Menschen Einzug nehmen könnte.

160

Ich möchte nochmals erinnern an die Aussagen
der Deutsche Akademie der Wissenschaften, die
gemeinsam mit der deutschen Akademie der
Technikwissenschaften ein Projekt gemacht hat,
dass sich eingehend mit den Perspektiven von
Quantentechnologien auseinandersetzt, unter
anderem schreiben sie in der Stellungnahme über
die Perspektiven von Quantentechnologien auf
Seite 25 über die Quantenkryptografie im
Zusammenhang mit deren Sicherheit:" In der
klassischen Kryptografie gibt es Angriffe, die
aus dem Stromverbrauch und der Rechendauer der
technischen Geräte Rückschlüsse auf den
Schlüssel oder den Klartext erlauben. Auch in
der Quantenkryptografie gibt es solche
sogenannten Seitenkanalangriffe, die erst durch
die unvollkommene Implementierung ermöglicht
werden. Daher muss man die Sicherheit
quantenkryptografischer Systeme bei einem
praktischen Einsatz immer als Ganzes
betrachten. Mit neuen "geräteunabhängigen
Protokollen" will man nun die Beweisannahmen
über die exakte Funktionsweise der verwendeten
Geräte vereinfachen. Dadurch sollen die
Seitenkanäle geschlossen oder wenigstens
beherrschbar werden. Zudem schreiben sie auf
Seite 26: " Soll die Quantenkryptografie breit
anwendbar werden, so muss sie auch bei der
Übertragung über große Strecken funktionieren.
Während zurzeit Übertragungen über einige 100
Kilometer möglich sind, wird zur Überbrückung
längerer Strecken der Einsatz
quantenmechanischer Quantenrepeater -
erforscht, deren Technik eng mit der
Möglichkeit der Fernübertragung von
Quantenzuständen (Quantenteleportation)

verwandt ist. Außerdem untersucht man, wie man aus Punkt-zu-Punkt Verbindungen Quantennetzwerke aufbauen und in bestehende Telekommunikationsnetze integrieren kann. Es wird darüber hinaus versucht, satellitengestützte Quantenkommunikationskanäle aufzubauen.

Die Quantenkommunikation wird nicht nur zur Schlüsselerzeugung dienen. Auch weitere kryptografische Protokolle wie digitale Signaturen und anonyme Datenbankabfragen sind denkbar. Auch außerhalb der kryptografischen Anwendungen kann sie technische Verbesserungen ermöglichen, etwa wenn mit Quanteneffekten der Datendurchfluss gesteigert werden soll. In weiter Zukunft können sie auch Protokolle ermöglichen, die bestimmte Anwendungen mit deutlich geringerem Aufwand lösen können, als es mit klassischer Technik möglich ist, zum Beispiel die Synchronisation von Kalendern oder der Vergleich langer Texte."

Wenn man also von meinem Zukunftsszenario einer breiten Anwendung von Quantenkryptografie ausgeht, dann scheint es laut dieser oben zitierten Stellungnahme sehr realistisch zu sein, dass diese möglich wird, und Quantenkryptografie zudem auch noch andere praktisch häufig zu gebrauchenden Anwendungen möglich machen wird in Zukunft.

Doch bleiben wir einmal bei einem abhörsicheren Datenaustausch oder Datenübertragung: Da immer mehr technische Geräte digitalisiert genutzt werden können, vom Stromzähler bis zum selbstfahrenden Auto, so wird die Verschlüsselung bzw. die Sicherheit vor missbräuchlichen Zugriff auf diese Daten immer wesentlicher.

WhatsApp ist seit April 2016 verschlüsselt nutzbar, als End-zu-End Verschlüsselung sind Nachrichten im WhatsApp Chat verschlüsselt. KryptoexpertInnen sagen, dass diese Verschlüsselung sicher ist, da sie noch nicht gehackt wurde.
Doch dieses Beispiel zeigt, wenn diese Verschlüsselung nun auf Quantenkryptografie beruhen würde, dann wäre dies noch schwieriger zu knacken laut Aussagen von QuantenphysikerInnen aufgrund der Gesetze der Quantenphysik, die sich wie erwähnt deutlich von jenen der klassischen Physik unterscheiden, und sich offenbar nach jahrzehntelanger Forschung und ständig weiterentwickelter Anwendungen auch in der praktischen Anwendung die Möglichkeit der Abhörsicherheit realisieren lässt.
Doch entscheidend für die dauerhafte Etablierung von neuen Technologien ist die Annahme dieser in der Bevölkerung, und dass sich eine solche Technologie durchsetzt liegt auch an dem Vertrauen und Interesse das Private und Unternehmen in diese setzen. Allerdings ist das Hauptkriterium der Durchsetzbarkeit von Quantenkryptografie die Akzeptanz der Anbieter, denn die AnwenderInnen sind eher an der Möglichkeit einer guten Verschlüsselungstechnik interessiert, als dass die Art der Verschlüsselung für die meisten AnwenderInnen von Interesse ist.
Denn auch die Technik der gegenwärtig verwendeten Verschlüsselungssysteme sind den wenigsten bekannt, also bleibt eine breite

Durchsetzung der Anwendung neuer Technologien
in dem Bereich der Verschlüsselung den
Unternehmen vorbehalten. In der Regel setzen
sich neue Technologien langsam durch bzw. sie
werden allmählich den Markt erobern, selten von
heute auf morgen. Wenn man also davon ausgeht,
dass sich die Quantenkryptografie als
Verschlüsselungstechnik breit durchgesetzt hat
in einigen Jahren, dann könnten sich die
Unternehmen allmählich entschieden haben auf
diese Technologie zunehmend zurückzugreifen,
und sie muss sich bewährt haben in puncto
Sicherheit, und v.a. sie muss schon etwas zu
bieten haben, was sie tatsächlich so abhebt von
den bisherigen Verschlüsselungssystemen, dass
es rechtfertigt, auf Quantenkryptografie
umzusteigen: Ein Aspekt ist die von den
QuantenphysikerInnen ins Treffen geführte
Abhörsicherheit, natürlich auch wenn sie
kostengünstiger wäre.
Der erste genannte Aspekt ist für mich als
Juristin am relevantesten. Ich habe den § 14
Datenschutzgesetz erwähnt, der die
Datensicherheit regelt, und eben auch die
Bedeutung von technischen Maßnahmen betont, die
zur Sicherheit von Daten ergriffen werden
müssen in Abhängigkeit von der Art der Daten
und der Wichtigkeit der Daten. Mittlerweile
müssen Gesundheitsdaten, als sensible Daten
verschlüsselt werden, das ist bereits
gesetzliche Verpflichtung. Eine allgemeine
gesetzliche Verpflichtung bestimmte
Verschlüsselungstechniken zu verwenden wegen
der besseren Sicherheit gibt es allerdings
nicht, doch § 14(2) Datenschutzgesetz sieht
vor, dass im Einzelfall eine Verpflichtung

gesehen werden kann, unter anderen Maßnahmen auch bestimmte technische Maßnahmen zu verwenden, um bestimmte Daten besser schützen zu können. Es wird im Gesetz allerdings nicht näher ausgeführt um welche konkreten technischen Maßnahmen es sich handeln könnte. Daher kann man durchaus bestimmte Verschlüsselungstechniken wie eben die Quantenkryptografie darunter subsumieren. Artikel 32 EU - DSGVO verlangt zwar als Maßnahmen zur Sicherheit von Daten die Verschlüsselung, doch auch diese neue Regelung nennt keine konkreten Arten der Verschlüsselung.

Heute allerdings gibt es noch viel Skepsis gegenüber der tatsächlichen Abhörsicherheit der Quantenkryptografie, viele Unternehmen sind noch nicht von deren besserer Sicherheit als herkömmliche Verschlüsselungssysteme überzeugt. Doch dazu sagt Harald Weinfurter, Spezialist für Quantenkryptografie an der Universität München, Folgendes zu den Problemen: " Für alle Angriffsszenarien kennen wir Gegenmaßnahmen oder optische Systeme, die Angriffe gar nicht erst möglich machen. Aber noch ist vieles in der Quantenkryptografie aufwendig und nicht alltagstauglich." Sein Ziel ist es, dass Quantenkryptografie eines Tages in jedes Smartphone passt. Dann könnte ein Bankkunde einfach sein Mobiltelefon vor den Geldautomaten halten und eine optische Verbindung mit diesem aufbauen, die quantenkryptografisch sicher ist, schreibt der Autor Bernd Müller in der Zeitschrift Bild der Wissenschaften in der Ausgabe vom Dezember 2015.

Wenn man also davon ausgeht in einigen Jahren
wird Quantenkryptografie zum Standard, dann
muss sich die Forschung auf diesem Gebiet noch
deutlich weiterentwickeln, und v.a. Unternehmen
und auch Private müssen Vertrauen in die
Sicherheit dieser neuen Technologie der
Verschlüsselung gewinnen.
In der schon einmal genannten Stellungnahme
über die Perspektiven der Quantentechnologien
der deutschen nationalen Akademie der
Wissenschaften und der deutschen Akademie der
Technikwissenschaften, bei der zahlreiche
anerkannte QuantenkphysikerInnen aus Europa und
Asien mitgewirkt haben, steht im Teil B mit dem
Thema Schwerpunkt der aktuellen Forschung im
Kapitel 2 Quantenkommunikation und-
Kryptografie auf Seite 25:" In der
Quantenkommunikation und - Kryptografie
arbeitet man fast ausschließlich mit
Quantenzuständen des Lichts(Photonen). Diese
lassen sich, mit vergleichsweise geringem
technischem Aufwand realisieren, über größere
Distanzen verschicken und weisen nahezu ideales
Quantenverhalten auf." Und weiter auf Seite 26
desselben Kapitels kann man lesen, dass" für
die Herstellung von Quantenzuständen wie
einzelner Photonen oder verschränkter
Photonenpaaren meist nichtlineare
Wechselwirkungsprozess genutzt werden. Durch
den Einsatz integrierter Optik wie
Wellenleiterchips, Glasfaserkabel oder optisch
gekoppelter Netzwerke wurde die Erzeugung der
Quantenzustände effizienter und deren Qualität
verbessert. Gleichzeitig ist damit auch die
Miniaturisierung der für den Aufbau komplexerer
Quantennetzwerke benötigten Komponenten

vorangekommen. Doch sind weitere Anstrengungen
nötig, um noch bessere Wellenleiter und Fasern
(z.B.: photonische Glasfaserkabel) für die
Anwendung in Quantensystemen bereitzustellen."
Da es bisher erst gelungen ist eine sichere
quantenkryptografische Schlüsselübertragung bis
zu 144 Kilometern zu übertragen, über eine
Strecke darüber hinaus besteht noch das Problem
der zunehmenden Fehlerrate bei der Übertragung.
Harald Weinfurter arbeitet mit seinem
Forscherteam an der Universität München an der
Übertragung von quantenkryptografischen
Schlüsseln über die Luft, es ist gelungen
Quantendaten zwischen einem Flugzeug und einer
Bodenstation zu übermitteln. In Zukunft
erwarten sich die ForscherInnen, dass durch den
Einsatz von Satelliten für die
Quantenkryptografie diese weltweit einsatzfähig
sein wird. Das seit Jänner 2017 laufende
Projekt von Anton Zeilinger und seinem Team,
Quantenkryptografie mittels Satelliten zu
realisieren, habe ich schon näher ausgeführt,
und da hat es diese entscheidende Erweiterung
der Quantenkryptografie auf bis zu 1200 km
Reichweite in der Versendung von verschränkten
Photonen gegeben.

Ich sehe nicht, dass es einen Bedarf für neue
gesetzliche Regelungen geben wird oder der
Bedarf der Erweiterung von bestehenden
Rechtsnormen gegeben ist oder sein wird
aufgrund der Anwendung von der neuen
Verschlüsselungstechnik der
Quantenkryptografie.
Hinzufügen muss man allerdings schon, dass
Kommentare zu §14 DSG auf IT-Normen verweisen,

die Organisationen einhalten sollten. Das
österreichische Informationssicherheitshandbuch
liefert einen Leitfaden für die
Informationssicherheitsstandards, es ist
zwischen normativen Vorgaben der ISO/IEC Normen
27001/27002 und verwandter Standards sowie der
Fülle an sehr detaillierten Leitfäden und
Handbüchern zur Informationssicherheit
positioniert. (So ist es formuliert in der
Einführung in das
Informationssicherheitshandbuch)
Das Kapitel 10 widmet sich sehr ausführlich der
Kryptografie.
Über die Anwendung kryptografischer Verfahren
steht unter Lebensdauer: "Kryptographische
Verfahren und Produkte müssen regelmäßig
daraufhin überprüft werden, ob sie noch dem
Stand der Technik entsprechen. Bereits bei der
Auswahl kryptographischer Verfahren sollte
daher eine zeitliche Grenze für deren Einsatz
festgelegt werden."
Diese Argumentationslinie bekräftigt meine
Einschätzung, dass die Verschlüsselungstechnik
der Quantenkryptografie durchaus
als technische Maßnahme im Sinne des §14 DSG
und des Artikel 32 EU-Datenschutzrecht zu
verstehen sein kann.
Zumal im § 14 und Art.32 EU-Recht auf den Stand
der Technik Bezug genommen wird.
Und dieser Stand ist-wie wir wissen-in einem
ständigen Wandel.
Aber man muss auch nochmal betonen, dass die
Unternehmen bisher gesetzlich nicht
verpflichtet sind, bestimmte
Verschlüsselungstechnik anzuwenden unabhängig
von den Kosten und von der Art der Daten und

deren Verwendungszweck.

Streng genommen könnte man aber durchaus §14 DSG und Artikel 32 der neuen EU-Regelung zur Datensicherheit eng auslegen, und zu dem Schluss kommen, dass Unternehmen bei bestimmten Daten, die besonders schutzwürdig sind wie eben Gesundheitsdaten, aber auch Bankdaten eine besonders Verantwortung haben, ihren KundInnen die besten technischen Verfahren, die es gibt, zur Verfügung zu stellen. Doch wer entscheidet nun, welche Verschlüsselungstechnik(en) die beste(n) ist(sind)?

Und dabei ist das erwähnte österreichische Informationssicherheitshandbuch in jedem Fall eine Basis, aber auch Einschätzungen von den ExpertInnen sind eine wichtige Informationsquelle. Bei einem Einsatz von neuen Technologien wie im Falle der Quantenkryptografie kommt noch hinzu, dass es eine Art Paradigmenwechsel ist, ein Übergang von klassischer Physik zur Quantenphysik, und in solchen Fällen wird der Einsatz neuer Technologien zunächst als Risiko eingestuft, man traut dieser scheinbaren Abhörsicherheit nicht wirklich. Obwohl alle bisher verwendeten Verschlüsselungsverfahren laut Experten als sicher gelten, jedoch von den QuantenphysikerInnen als nicht sicher aufgrund der Naturgesetze gesehen werden, da diese Verschlüsselungsverfahren rein mathematisch entschlüsselbar sind. Nur der Aufwand wäre enorm, und es bräuchte entsprechende Computer mit großen Kapazitäten. Daher ist es eine Scheinsicherheit, und QuantenphysikerInnen sind sich sicher, dass die Quantenkryptografie die

Verschlüsselungstechnik der Zukunft ist.
Wenn wir uns in Erinnerung rufen, welche neuen
Rechtsnormen ab bzw. seit Ende Mai 2018 durch
die EU-Datenschutzgrundverordnung direkt
anwendbar werden in den EU-Staaten, und damit
auch in Österreich, steht also fest, dass die
Verschlüsselung explizit als technische
Datensicherheitsmaßnahme genannt wird, die
ergriffen werden muss in Bezug auf den Stand
der Technik und auf die Art und den Zweck der
Daten. Da Verschlüsselungsmethoden
grundsätzlich als Maßnahme zur Datensicherheit
bewertet werden ohne zu differenzieren zwischen
der abhörsicheren Quantenkryptografie und der
bisher hauptsächlich genutzten auf klassischer
Physik basierenden Kryptografie, ist die in der
Physik durchaus als Novum gesehene
Abhörsicherheit der Quantenkryptografie sehr
wohl eine Technologie, die sich in puncto
Sicherheit von anderen Verschlüsselungssystemen
abhebt, und daher nicht mit diesen anderen
technisch auf einer gleichen Ebene stehen.
Diese Differenzierung hat also noch nicht
Einzug genommen in die rechtlichen Regelungen
und damit auf jene, die diese Regelungen
erlassen.
Zwar muss laut rechtlicher Regelung der Stand
der Technik beachtet werden, und beim Einsatz
der Verschlüsselungssysteme diesem entsprochen
werden, doch lässt diese Formulierung einen
gewissen Interpretationsspielraum offen, und
natürlich kann das Gesetz nicht eine bestimmte
neue Verschlüsselungstechnologie vorschreiben
zur Anwendung, denn auch diese neue Technologie
unterliegt dem Stand der Technik. Diese
Formulierung setzt voraus, dass die technische

Entwicklung nicht stehen bleibt, es immer neuere, veränderte und andere technische Entwicklungen geben wird unabhängig von einem bestimmten technischen Bereich.

Darüber hinaus aber ist es doch notwendig, zu bedenken, dass ein Quantencomputer bestimmte Verschlüsselungen leicht und schnell entschlüsseln kann, die heute und in der Vergangenheit häufig angewendet werden, Quantenkryptografie jedoch kann auch ein Quantencomputer nicht entschlüsseln. Man könnte also in den Informationshandbüchern und den internationalen IT-Sicherheitsnormen durchaus Quantenkryptografie als abhörsichere Verschlüsselung empfehlen.

Allerdings muss man auch bedenken, dass es die andere Seite der Medaille auch noch gibt. In letzter Zeit warnt die Polizei vor Kriminellen, die sich in die PCs von Arbeitgebern eingehackt haben, und deren Daten verschlüsselt haben. Der Unternehmer hätte mit dem Zahlen eines Geldbetrags wieder Zugang zu seinen Daten bekommen. In solchen Fällen, wenn Verschlüsselung von Kriminellen verwendet wird, also missbräuchlich, würde ein möglicher Quantencomputer bestimmte gängige Verschlüsselungssysteme leicht entschlüsseln können.

In solchen Prozessen wäre der Quantencomputer eine große Hilfe, die Entschlüsselung also durchaus erwünscht.

Aber das würde gleichzeitig auch bedeuten, dass die Quantenkryptografie, wenn sie denn von Kriminellen genutzt wird, der Quantencomputer nicht mehr entschlüsseln könnte. Das wäre ein Schlechtpunkt für die Quantenkryptografie.

Wenn man weiß, dass die ISO/IEC 27000 genauer
gesagt die
Informationssicherheitsmanagementsysteme, für
Unternehmen klare, konkrete und strukturierte
Anforderungen und Vorgaben bezüglich der
technischen Sicherheitsmaßnahmen machen, die
diese auch einhalten und umsetzen sollten, und
auch Juristen wie etwa der Rechtsanwalt Rainer
Knyrim betont, dass
Informationssicherheitsstandards in Unternehmen
verbunden sind mit dem Datenschutz und der
Datensicherheit und es ohne diese technische
und organisatorische Sicherheitsmaßnahmen
erfahrungsgemäß nicht möglich ist, den
Datenschutz ausreichend zu gewähren, wird schon
klar, wie wichtig eine gute und korrekte
Umsetzung der aufgrund dieser internationalen
Sicherheitsnormen vorgeschriebenen
Anforderungen ist, um in der Praxis den
gesetzlichen Datenschutzerfordernissen gerecht
werden zu können. Denn letztendlich drohen auch
empfindliche Strafen. An diesen Prozessen wird
aber auch ganz deutlich, dass nicht nur Gesetze
als Normen eine Verbindlichkeit bewirken, die
bei Nichteinhaltung zu rechtlichen Sanktionen
führen kann, sondern auch bestimmte Normen, wie
diese internationalen Sicherheitsnormen, wenn
sie inhaltlich direkt auf Gesetze bezogen sind.
Das bedeutet, dass zwar weder §14
österreichisches Datenschutzgesetz, noch
Artikel 32 der EU-Datenschutzgrundverordnung
konkrete Vorgaben machen, welche
organisatorische und technische Maßnahmen um zu
setzen sind, sehr wohl aber macht es das
österreichische Informationshandbuch, und auch
die ISO/IEC 27000 Normen. Man könnte auch

sagen, dass es sich um eine genauere Ausführung des Datenschutzgesetzes handelt, in jeden Fall ist es eine zusätzliche und wesentliche Hilfestellung für Unternehmen in ihren Managementprozessen eine genaue Orientierung zu bekommen.

Daran kann man auch sehr schön den in den rechtsphilosophischen Auseinandersetzungen festgestellten generell-abstrakten Charakter von Gesetzen erkennen, denn um möglichst viele Lebenssituationen erfassen zu können, können Gesetze nicht konkret formuliert sein. Das hat natürlich, wie man am Beispiel des § 14 DSG sieht, zur Folge, dass diese Rechtsnorm die Interpretation und Subsumption verschiedener Sachverhalte möglich macht. Man muss aber darauf hinweisen, dass es ganz allgemein um die Sicherheit von Informationen und nicht nur um die Datensicherheit geht, also um den reinen Datenschutz.

Denn Informationen von Unternehmen, von den WissenschaftlerInnen, von Regierungen etc. müssen auch vor Hackern oder Leuten geschützt werden, die diese missbrauchen wollen oder rechtswidrig für eigene Zwecke nutzen wollen. Hierfür ist dann nicht das Datenschutzgesetz, sondern das Strafgesetzbuch zuständig.

Aufgefallen ist mir in diesem Zusammenhang, und weil es mir um die Verbindung von Recht und Quantenphysik geht, dass es im Gesetz und den Rechtsnormen zu keiner Differenzierung kommt zwischen der Sicherheit von Verschlüsselungssystemen. Rainer Knyrim spricht in seinem Kapitel 13 des Praxishandbuchs über Datenschutzrecht, Datenschutz und

Informationssicherheit ganz klar davon, dass
Verschlüsselungssysteme eine wichtige Umsetzung
der gesetzlich geforderten technischen
Maßnahmen darstellen, um den Datenschutz und
die Datensicherheit, besonders bei der
Kommunikation per E-Mail, zu verbessern. Diese
Einschätzung, die gängige Auffassung ist,
zeigt, dass Verschlüsselungssysteme
grundsätzlich als Sicherheitsmaßnahme
wahrgenommen werden, unabhängig von der Art der
Verschlüsselung, und ob dies nun durch
Quantenkryptografie oder nicht geschieht,
spielt keine Rolle. Da QuantenphysikerInnen
dies viel differenzierter sehen, scheint es
doch wichtig zu sein, dass QuantenphysikerInnen
mit den JuristInnen den Austausch suchen, um
ihr Wissen nach Außen in die Gesellschaft zu
bringen. Aus dieser Sicht ist eine
Zusammenarbeit oder zu mindestens ein Austausch
durchaus sinnvoll.
Juristinnen wie ich, die ein besonderes
Interesse an Quantenphysik haben, und sich so
intensiv mit dieser und dann noch dazu mit den
möglichen Verbindungen zu unserem Rechtssystem
beschäftigen sind meines Wissens selten.
Man könnte auch festhalten, dass ich nun
herausgearbeitet habe bzw. zu dem Ergebnis
komme, dass man sowohl an den Inhalten der
Gesetze, als auch an der angewandten Praxis
betreffend die Verschlüsselung entdeckt, dass
das Wissen von QuantenphysikerInnen überhaupt
nicht eingeflossen ist.
Es herrscht also immer noch diese Kluft und die
weitgehende Funkstille zwischen
QuantenphysikerInnen und JuristInnen vor. Diese
Erkenntnis entspricht auch meinen Erfahrungen,

denn viele Physiker, auch QuantenphysikerInnen
haben mir gesagt, dass sie keinerlei
Verbindungen sehen, eher im Gegenteil.
Viel mehr besteht bei QuantenphysikerInnen das
gelebte Interesse mit der Wirtschaft zu
kooperieren, und selbst eigene Unternehmen zu
gründen, durch die sie die Anwendungen ihrer
Forschungen verkaufen können.
Der Schritt zur Wirtschaft ist sicherlich nicht
falsch, aber wie man an meinem Beispiel der
Verschlüsselung sieht, sind gesetzliche
Regelung auch für die Unternehmen sehr
entscheidend.
Meiner Ansicht nach sind Wirtschaft und Recht
ebenso eng verflochten, wie es auch Recht und
Naturwissenschaft und Technik sind.

Zukunftsszenarien Fortsetzung

SZENARIO 2:

Es gelingt den Forscherinnen und Forschern
einen Quantencomputer mit solchen Kapazitäten
zu bauen, der bisherige klassische
Verschlüsselungssysteme, die auf der
Schwierigkeit der Zerlegung großer Zahlen in
ihre Primfaktoren basieren, schnell und leicht
knacken kann. Besonders Geheimdienste und
Militär haben Interesse daran, diese
Möglichkeiten eines Quantencomputers zu nutzen.
Unter der Annahme von Szenario 2: Den

ForscherInnen gelingt es einen Quantencomputer
zu bauen, der die Kapazität hat, bisher
existierende Verschlüsselungssysteme und die
damit verschlüsselten Daten bzw. Dokumente
schnell und leicht zu entschlüsseln.
Daraus ergeben sich rechtlich relevante Fragen
zu untersuchen wie das erwähnte gesetzliche
Verbot, Quantencomputer als
Entschlüsselungsmaschine nutzen zu dürfen und
v.a. die genannten Datenschutz- und
Datensicherheitsnormen sind dann besonders im
Augenmerk der Untersuchungen, reichen diese
dann aus? Können sie überhaupt schützen?

Zunächst muss man zu Szenario 2 auch betonen,
dass es sich um ein reines Zukunftsszenario
handelt, da die bisher in den Labors
entwickelten Quantencomputer noch länger nicht
soweit sein werden, um kryptografische
Verschlüsselungssysteme knacken zu können. Doch
während die Quantenkryptografie längst die
Forschungslabors verlassen hat, und bereits am
Markt erhältlich ist, ist die Technologie des
Quantencomputers noch nicht in diesem
Entwicklungsstadium. Und sollte eines Tages,
auch für ForscherInnen ist es schwer
abschätzbar, wann dieser Tag sein wird, ein
Quantencomputer am Markt zu kaufen sein, der
mindestens jene Kapazitäten heutiger
klassischer Computer hat, dann muss man die
rechtlich relevanten Folgen der Nutzung eines
Quantencomputers unter 2 unterschiedlichen
möglichen Entwicklungen nochmals unterscheiden:

1.Bei der ersteren Entwicklung gehe ich davon
aus, dass Quantenkryptografie sich nicht breit

durchgesetzt hat am Markt, d.h. viele Daten
sind nicht durch diese Technologie
verschlüsselt und der Quantencomputer aber sehr
wohl von vielen verwendet wird.

2. Die andere Entwicklung ist jene, dass die
Quantenkryptografie in Laufe der Zeit die
gängige Verschlüsselungstechnik bei den
AnwenderInnen wird, und gleichzeitig gibt es
auch schon einen häufig genutzten
Quantencomputer.

Unter der Voraussetzung von Punkt 1 ist es
unbedingt erforderlich nochmals darauf
hinzuweisen bzw. in Erinnerung zu rufen, dass
ein Quantencomputer nicht alle heute
verwendeten klassischen Verschlüsselungssysteme
schnell und leicht knacken kann, nur ganz
bestimmte. Da diese möglichen Folgen bereits
bekannt sind, könnte man präventiv agieren, und
alle Daten schon heute so verschlüsseln, dass
ein möglicher Quantencomputer diese nicht
leicht entschlüsseln kann. Man kann dieser eher
unerwünschten Folge also durchaus ausweichen,
diese vermeiden.
Da es auch kein Gesetz gibt, dass diese Art von
präventivem Verhalten regelt bzw. verlangt,
liegt es also in dem vorausschauenden Denken
und Planen von Behörden, Unternehmen und auch
Privatpersonen.
Geht man aber davon aus, was mir realistischer
erscheint, dass es keinerlei derartiger
Präventivmaßnahmen geben wird, dann kann das
entwickelte mögliche Zukunftsszenario durchaus
dramatisch negative und auch sehr unerwünschte
Auswirkungen zur Folge haben.

Gerät der Quantencomputer dann in die Hände von Geheimdiensten, Militär oder kriminellen Organisationen oder kriminellen Einzeltätern, können diese einen enormen Schaden anrichten, in dem sie leicht und schnell Zugang bekommen zu zahlreichen-auf eine bestimmte Weise - verschlüsselten Daten, wie Gesundheits- Bankdaten, oder auch Daten von Energieunternehmen etc. Man kann sich lebhaft ausmalen, dass ein solches Szenario sehr negative Konsequenzen für viele Menschen und auch für viele Regierungen haben könnte. Einerseits könnten geheime Daten an die Öffentlichkeit gespielt werden, andererseits könnten mit Daten von KundInnen von Banken oder Energieunternehmen, diesen KundInnen ein erheblicher finanzieller Schaden zugefügt werden.

In der Stellungnahme vom Juni 2015 über die Perspektive von Quantentechnologien der deutschen nationalen Akademie der Wissenschaften und der deutschen Akademie der Technikwissenschaften steht auf Seite 28 zur Thematik Quanteninformatik und Quantencomputer:" Die Leistungsfähigkeit eines Quantencomputers zeigt sich daran, dass er zuvor sehr zeitintensive Vorgänge effizient ausführen kann. So kann ein Quantencomputer den sogenannten Shor Algorithmus ausführen, mit dessen Hilfe sich große Zahlen effizient in ihre Faktoren zerlegen lassen und diskrete Logarithmen berechnet werden können. Effiziente Algorithmen, um dieses Problem auf klassischen Computer zu lösen, sind nicht bekannt. Würde ein großer Quantencomputer wirklich wie

erwartet gebaut werden, so könnte er alle
wichtigen klassischen Public-Key-Verfahren
(Kryptografie wie Authentisierung) brechen, was
verheerende Folgen für die Sicherheit im
Internet hätte."
Doch damit ein solches Schreckensszenario nicht
Realität wird, haben Wissenschaftler laut einem
Artikel der Bild der Wissenschaften über den
Quantencomputer in Zusammenhang mit der
Kryptografie in der Ausgabe vom Dezember 2015
informiert, dass:" Krypto-Experten nach
Alternativen suchen: nach mathematischen
Aufgaben, die auch für Quantencomputer schwer
zu knacken sind. Davon gibt es einige. Sie
werden unter dem Begriff Post-
Quantenkryptografie zusammengefasst. Eines ist
das Dekodierungsproblem, weitere Methoden
basieren auf Berechnungen von räumlichen
Gattern oder der Lösung von nichtlinearen
Gleichungssystemen. Mathematiker sind
überzeugt, dass diese Tricks für immer vor
einem unerlaubten Zugriff durch Quantencomputer
schützen können.
Außerdem wird in diesem Artikel der Forscher
Johannes Buchmann, der an der technischen
Universität Darmstadt Post-Quanten Verfahren
erforscht, zitiert, der sagt, dass" Post-
Quanten-Verschlüsselung nicht die
Quantenkryptografie ersetzen kann und
umgekehrt. Beide müssen sich ergänzen. Die
Quantenkryptografie allein werde die
Sicherheitsanforderungen der Zukunft nicht
erfüllen, ist er überzeugt. Dazu sei ihr
Einsatzbereich zu begrenzt, etwa bezüglich der
überbrückbaren Distanzen. Sie werde dort
Anwendung finden, wo Daten langfristig

gesichert werden müssen, etwas bei
Patientendaten in der Medizin. Dass der Einkauf
auf Amazon einmal über eine
quantenkryptografische Verbindung abgewickelt
wird, ist dagegen völlig unrealistisch, wird
Johannes Buchmann zitiert.
Da allerdings ForscherInnen an
quantenkryptografischen Verfahren forschen, um
diese gerade auch durch den Einsatz von
Satelliten über weite, wenn nicht sogar
weltweite Strecken einsatzfähig machen zu
können, kann man dies der Einschätzung von
Johannes Buchmann entgegensetzen. Noch dazu ist
es schon gelungen, Quantenkryptografie über
eine Distanz von 1200 km einzusetzen.
Das heißt für mein Zukunftsszenario kann ich
über die angenommene Begrenzung der
Einschränkung von Quantenkryptografie durchaus
hinausgehen.

Was kann das Rechtssystem leisten, um solche
Formen des drohenden Missbrauchs durch neue
Technologien zu verhindern? Wenn es Folgen gibt
von Technologie- und dies ist bemerkenswert,
die nämlich noch längst nicht den Sprung vom
Labor in den Markt geschafft haben, greifen
noch keine Gesetze, aber man kann die
Forschungsarbeiten fördern durch
Forschungsgelder. Die Frage ist, ob das in
ausreichendem Maße in Österreich geschieht.
Ein sehr wichtiger Aspekt zu den Auswirkungen
von neuen Technologien ist, dass nicht immer
mögliche negative Folgen von diesen neuen
Technologien noch während des Forschungs- und
Entwicklungsprozesses bekannt sind. Beim
Quantencomputer sind negative Auswirkungen

180

bekannt, und auch, dass es, um die ausgeführten
unerwünschten Folgen des Quantencomputers zu
verhindern, nämlich gegenwärtig eingesetzte
kryptografische Verschlüsselungssysteme schnell
und leicht knacken zu können, wissenschaftliche
Bemühungen gibt-laut den Forschern auch
erfolgreiche.
Doch erst die Zukunft wird zeigen, ob diese
wissenschaftlichen Arbeiten auch tatsächlich
dauerhaft erfolgreich sein werden.
Da erst die wirkliche Anwendung in der Praxis
sichtbar macht, wie diese neuen Technologien
und wissenschaftlichen Entwicklungen sich
auswirken werden auf gesellschaftliche
Bereiche, kann man sich ein Zukunftsszenario in
beiderlei Hinsicht vorstellen, eins also, dass
einen Quantencomputer auf einer breiten
Anwendung am Markt sieht, und wirksame
wissenschaftliche Maßnahmen die verhindern,
dass der Quantencomputer zu einer
Entschlüsselungsmaschine wird.
Dieses Szenario wäre unproblematisch, doch das
andere auch nicht unrealistische Szenario, dass
der Quantencomputer doch zu einer
Entschlüsselungsmaschine wird, die von manchen
durchaus erwünscht ist, beispielsweise von den
Geheimdiensten und Militär, hätte überaus
negative Folgen.
Man kann also annehmen, dass es auch Interesse
gibt, einen am Markt einsatzfähigen
Quantencomputer zu bauen bzw. Möglichkeiten
entwickelt werden und gefunden werden, um
berechtigt geschützte Daten zu entschlüsseln.
Hacker werden sicherlich nicht lockerlassen,
Verschlüsselungen zu knacken, egal welche
Techniken auch genutzt werden. Doch man muss

auch betonen, dass es der Einsatz von
Quantenkryptografie, um Daten zu verschlüsseln,
dem Quantencomputer unmöglich macht, diese zu
entschlüsseln. Selbst wenn Quantenkryptografie,
wie manche einschätzen, nicht für alle Daten
als Verschlüsselungsmöglichkeit einsetzbar sein
wird, so wird sie dennoch vielfach genutzt
werden können.

NEUE RECHTSFRAGEN?

Ein Quantenphysiker hat mir einmal die Frage
gestellt, ob durch den Quantencomputer, der
auch im Nachhinein viele frühere Dokumente
entschlüsseln könnte, neue Rechtsfragen
auftauchen würden.

Da muss man unterscheiden zwischen den
bisherigen rechtlichen Regelungen in Bezug auf
Datenschutz, bestimmte strafrechtliche,
gesetzliche Regelungen und dem Auftauchen von
neuen Rechtsfragen, die sich durch neue
Sachverhalte stellen, und die Frage ist, ob
diese ausreichend durch Gesetzte abgedeckt sind
oder nicht.
Neue Rechtsfragen müssen also nicht
zwangsläufig zu neuen, rechtlichen Regelungen
führen, Ausgangspunkt für neue Regelungen sind
eher neue Sachverhalte, wo keine Rechtsnormen
angewendet werden können, und dadurch ein neuer
Regelungsbedarf auftritt. Gesetze werden
laufend erweitert, geändert, anders gesagt

reformiert oder neue Gesetze gemacht.
Das ist eigentlich kein ungewöhnlicher Ablauf,
aber in diesem Fall geht es um die
Auseinandersetzung von möglichen Folgen einer
möglichen Technologie, und dies ist aus dem
Blickwinkel des Rechts doch eine sehr
ungewöhnliche Perspektive. Normalerweise setzt
der Gesetzesbildungs- und Fortbildungsprozess
an entstandenen Konflikten, Problemen,
Missständen, Diskriminierungen etc. an, um
diese durch Rechtsnormen zu regeln.
Rechtsphilosophisch ist das eine interessante
Thematik, denn im Prinzip ist diese Frage nicht
einfach zu beantworten, weil man durchaus aus
nachvollziehbaren Gründen argumentieren kann,
dass die Regelung von Lebenssituationen von
Menschen erst Sinn macht, wenn diese
tatsächlich gelebt werden, um dann an der
Realität ansetzen zu können mit den
Rechtsnormen. Die Möglichkeiten allerdings, um
einen möglichen missbräuchlichen Einsatz des
Quantencomputers durch Hacker zu verhindern,
bevor diese Technologie überhaupt schon genutzt
werden kann, sind viel größere, als erst auf
negative Anwendungen bloß zu reagieren. Denn
man kann eben beispielsweise die
Quantenkryptografie für sensible bzw. besonders
wichtige Daten, wie Bank- oder Gesundheitsdaten
etc. als rechtlich verpflichtende
Verschlüsselungstechnologie vorsehen, somit
kann im Nachhinein der Quantencomputer keinen
Schaden anrichten. Das wäre eine Möglichkeit,
aber im Prinzip müssten sich die Politik und
Gesetzgebung einigen, ob man im Wissen von
möglichen Folgen von möglichen neuen
Technologien schon im Vorhinein mit

Rechtsnormen mögliche negative Folgen regeln
will. Oftmals jedoch ist dies gar nicht
umfassend möglich, da auch Folgen auftreten
können, die man im Vorfeld gar nicht
mitbedenken kann.
Ich denke, man sollte in jeden Fall einmal die
Entwicklung von Quantencomputern im Labor durch
die Forschung genau verfolgen, und die
Rechtsfragen zwar auf jeden Fall diskutieren,
aber mit dem Eingreifen von rechtlichen
Regelungen erst dann beginnen, wenn es sich
abzeichnet, dass das Quanteninternet anwendbar
wird. Das Quanteninternet ist eine Verbindung
von Quantencomputern oder Quantennetzwerken,
wodurch Quantenbits Information übertragen.
Diese können mehr Informationen übertragen als
klassische Bits in klassischen Computern.
Nochmals zur Auffrischung eine kurze Erklärung
des Phänomens der Verschränkung. Im Kapitel
über die Entwicklung der Quantenkryptografie
habe ich dies schon erläutert.
Die wichtige quantenphysikalische Grundlage
dafür ist das Phänomen der Verschränkung, in
dieser sind Quantenzustände unabhängig von Raum
und Zeit verbunden, durch eine Messung wird von
einem Quantenzustand auf einen anderen in
weiter Entfernung, Information auf die Weise
übertragen, in dem durch diese Messung an einem
Quantenteilchen gleichzeitig auch an dem
anderen verschränkten Quantenteilchen dieselbe
Quanteneigenschaft sichtbar wird. Dadurch wird
dieselbe Information übertragen, diese
Möglichkeit der Informationsübertragung wird
als Teleportation bezeichnet. Diese Forschungen
gibt es weltweit, es gibt wissenschaftliche
Kooperationen zwischen China und

Österreichischen Universitäten.
Österreichische Quantenphysiker, allen voran
Anton Zeilinger, sind führend in der
Erforschung und Entwicklung dieser Technologie
an der Universität Wien, an der Universität
Innsbruck sind es Rainer Blatt und Peter
Zoller.
Auch das Institut für Quantenoptik und
Quanteninformation der österreichischen
Akademie der Wissenschaften ist in diese
Zusammenarbeit involviert.
Der Technologie des Quanteninternets geben die
Experten gute Chancen einer "baldigen"
Realisierung. Die Auswirkungen fürs
Rechtssystem sind offen: Stellen sich neue
Rechtsfragen oder Rechtsprobleme, wenn statt
der klassischen Informationsübertragung durch
Bits über Computer, Quantenbits durch
Quantennetzwerke oder Quantencomputer
Informationen übertragen werden?
In einem Artikel über das Quanteninternet bin
ich auf eine neue Erklärung gestoßen für die
absolute Abhörsicherheit der
Quantenkryptografie, der Zusammenhang zum
Quanteninternet besteht in der
quantenphysikalischen Verschränkung, die auch
die Grundlage der Quantenkryptografie sein
kann. Es wird also erklärt: " So ist mithilfe
der Verschränkung die absolut abhörsichere
Verschlüsselung von Daten möglich, denn bis die
Information an einem der Teilchen ausgelesen
wird, befinden sie sich noch in keinen
definitiven Zustand-wissen also sozusagen
selbst nicht, was sie mitzuteilen haben und
können damit auch nichts verraten." Diese
Erklärung stellt auf die Unbestimmtheit der

185

Quantenphysik ab, dass bestimmte Eigenschaften
erst sichtbar werden, wenn es zu einer Messung
kommt oder zu einer Wechselwirkung. Aus dieser
Warte muss man sagen, dass es natürlich die
Technologie der Zukunft ist, und echte
Datensicherheit, rein technisch gesehen,
realisieren kann.
Allerdings muss ich sagen, wenn ich die
Quantenkryptografie richtig verstanden habe,
dann geht es doch in der Kryptografie um die
Schlüsselerzeugung durch Quantenkryptografie,
und das bedeutet, so wie ich es verstanden
habe, dass es bei der Schlüsselerzeugung auf
der einen Seite, ForscherInnen sprechen von
Alice und Bob, also es bei Alice zu einer
Messung an Photonen kommt, wobei das Photon
dann durch die Messung eine bestimmte
Eigenschaft erhält, etwa horizontal oder
vertikal polarisiert, die ausschließlich vom
Zufall bestimmt ist, und daher ist die
Quantenkryptografie auch ein Vorteil gegenüber
der herkömmlichen Kryptografie. Das andere
vorher verschränkte Photon hat die zweite
Person, nämlich Bob, der dann durch Alice
informiert wird, welche Einstellung sie bei
ihrem Messgerät vorgenommen hat, und dadurch
dann ebenfalls eine Messung an dem
verschränkten Photon machen kann, und dieselbe
Eigenschaft erhält wie Alice Photon, aufgrund
der Verschränkung tritt diese Eigenschaft
automatisch, und sofort ein, doch das heißt
auch, dass es keine Unbestimmtheit mehr gibt,
diese wird durch die Messung, die Alice
vornimmt zerstört.
Folglich ist die obige Erklärung meines
Verständnisses nach keine brauchbare.

Im Übrigen gibt es unter den QuantenphysikerInnen unterschiedliche Deutungen dieses Prozesses des Übergangs von der Unbestimmtheit der Quantenphysik zur Bestimmtheit durch die Messung. Die einen bezeichnen diesen Vorgang als Zusammenbruch der Wellenfunktion, manche sprechen davon, dass die Quantenphysik in einem klassischen Zustand übergeht, oder es wird gesagt, dass durch die Wechselwirkung mit der Außenwelt der quantenphysikalische Zustand zerstört wird. All diese Überlegungen sind auch philosophischer Natur, und durchaus spannend.

Eine ganz extreme Position ist beispielsweise jene, dass vor einer Messung das Teilchen gar nicht wirklich existiert, da das " Teilchen" erst durch die Messung als Teilchen sichtbar wird mit bestimmten Eigenschaften. An dieser Diskussion sieht man sehr anschaulich, wie komplex und schwierig es ist, die Quantenphysik ganz zu begreifen. Denn wir wissen eigentlich eben nicht, was wirklich geschieht in einem Quantenzustand, wie ja das gedankliche Katzenexperiment in der Kiste zeigen will. Solange wir nicht in die Kiste hineinschauen, ist sie weder tot noch lebendig, sondern beides. Erst durch die Messung oder Beobachtung, es muss wie schon wie Bohr sagt, kein Mensch sein, der misst oder beobachtet, es genügt irgendeine Form der Wechselwirkung mit dem Quantenzustand, und dieser verliert seine charakteristische Unbestimmtheit, wissen wir, womit wir es zu tun haben.

Für die Zukunft kann man also festhalten, dass der Einsatz von Quantenkryptografie sicherlich auch aus rechtlicher Sicht Sinn macht, und sie

scheint eine gute Möglichkeit zu sein als ein
Gegengewicht zu einem Quantencomputer, der in
seiner Entwicklung als Technologie viel weiter
hinter jener der Quantenkryptografie liegt.
Aus heutiger Warte ist anzunehmen, dass es
einen breiten Einsatz der Quantenkryptografie
schon weit vor einen einsatzfähigen
Quantencomputer geben wird, da die
Quantenkryptografie bereits heute als
Technologie am Markt gekauft werden kann,
während der Quantencomputer noch eine reine
Labortechnik ist.
Und da schließt sich der Kreis wieder, nun sind
wir wieder beim Einsatz der Quantenkryptografie
gelandet, und bei der Bedeutung dieser
Technologie auch in Verbindung mit der
Entwicklung und Nutzung eines Quantencomputers.
Und da ich bezüglich der Nutzung bzw. einer
möglichen breiten Anwendung der
Quantenkryptografie in Hinblick auf §14
Datenschutzgesetz und Art. 32 EU-
Datenschutzgrundverordnung Überlegungen
angestellt habe, inwiefern diese Rechtsnormen
die Anwendung auch dieser neuen Technologie
regeln bzw. auf diese angewendet werden können,
komme ich nun wieder auf die Datensicherheit
zurück. In der kommentierten Ausgabe zum
Datenschutzgesetz schreiben die Autoren, dass
§14 nicht verlangt, dass bei jeder
Datenanwendung ein Höchstmaß an
Datensicherheitsmaßnahmen getroffen wird,
sondern gewährleistet eine flexible Handhabung
dieser Pflicht(..). Die Regelung legt eine
besondere Verhältnismäßigkeitsabwägung fest,
indem einerseits auf die Art der verwendeten
Daten und Umfang und Zweck der Verwendung und

andererseits auf den Stand der technischen
Möglichkeiten und die wirtschaftliche
Vertretbarkeit der Maßnahmen Bedacht zu nehmen
ist. Es ist ein Schutzniveau zu gewährleisten,
dass den Risiken der Datenverwendung und der
Art der zu schützenden Daten angemessen ist,
wobei technische und wirtschaftliche Aspekte
der Schutzmaßnahmen zu berücksichtigen sind. In
Frage kommen organisatorische, technische,
bauliche und personelle Maßnahmen. Zur
Beurteilung ist eine Risikoanalyse vorzunehmen,
und ein gröbliches Außerachtlassen der gemäß
§14 erforderlichen Datensicherheitsmaßnahmen
ist eine Verwaltungsübertretung." Soweit eine
Erinnerung aus der Bewertung der kommentierten
Ausgabe des Datenschutzgesetzes, auf das ich
schon in Teil 1 eingegangen bin.
Oftmals ist es eine Frage der Auslegung in den
Rechtswissenschaften und auch der juristischen
Praxis, das bedeutet umgelegt auf §14 DSG und
Artikel 32 EU-Recht in Verbindung mit der
Quantenkryptografie, dass man im Einzelfall,
wenn man ihre technischen Vorteile der
Abhörsicherheit bedenkt und eben auch
mitbedenkt, dass ein Quantencomputer sie nicht
knacken kann, durchaus zusammen mit der
geforderten Risikoanalyse zu dem Schluss kommen
kann, dass bei Daten, die besonders
schützenswert sind vor einem möglichen
Missbrauch, wie Gesundheitsdaten oder
Bankdaten, mit Quantenkryptografie
verschlüsselt werden sollte.
An dieser Stelle möchte ich noch einmal auf den
in 2 Jahren auf uns zukommende EU-
Datenschutzverordnung zurückkommen. Da das
österreichische Datenschutzgesetz dann

grundsätzlich nicht mehr gilt, und folglich auch nicht mehr der von mir oft untersuchte § 14 DSG, kann man schon den Blick in die Zukunft wagen, und jene schon genannten Artikel der EU-Datenschutzverordnung zum Thema der Datensicherheit in den Fokus richten. Verschlüsselung wird dezidiert als Sicherungsmaßnahme gefordert im Artikel 32 EU - DSGV, das ist der offensichtliche Unterschied, doch es wird wiederum nur ganz allgemein auf den Stand der Technik verwiesen. Ob und inwiefern sich Quantenkryptografie durchsetzen kann als neue Verschlüsselungstechnologie bleibt weitgehend der Praxis überlassen, den Entscheidungen in Unternehmen und Behörden, auch den Ausformulierungen der Informationshandbücher und IT-Sicherheitsnormen.

Die Frage allerdings, ob neue Rechtsfragen entstehen könnten, besonders da der Quantencomputer im Nachhinein wichtige verschlüsselte Daten, wie Gesundheitsdaten oder Bankdaten etc. entschlüsseln könnte, würde ich schon als bedeutend sehen.

Die Gesetzgebung hatte die Absicht, neutral in Hinblick auf diverse ständige technische Neuerungen zu reagieren. Doch ich denke, in Zukunft könnte sehr wohl die Frage auftauchen, ob diese Art der gesetzlichen Neutralität angebracht ist, oder ob diese ungeeignet ist, den beabsichtigten Datenschutz ausreichend gewährleisten zu können.

RECHTSPHILOSOPHISCHE ÜBERLEGUNGEN

Im Prinzip soll ein Gesetz generell und abstrakt formuliert sein, d.h. gerichtet an einen allgemeinen Adressatenkreis, abstrakt in dem Sinne, dass es eine über den Einzelfall hinausgehende Regelung umfassen soll. Das bedeutet auch, dass selbst Sachverhalte darunterfallen, die erst in der Zukunft eintreten könnten, denn diese abstrakte Formulierung ist bewusst auf eine Vielzahl möglicher Lebenssachverhalte unabhängig vom Zeitfaktor gedacht. Manche Kodifizierung wie das ABGB, das Allgemeine Bürgerliche Gesetzbuch sind daher schon relativ alt, bzw. gelten schon lange, seit dem 19.Jahrhundert.
Doch ein Gesetz sollte nach dem Gebot der Billigkeit auch dem Einzelfall gerecht werden können. Aus dieser Warte könnte man die Schlussfolgerungen der kommentierten Ausgabe verstehen, die eben auf den Einzelfall Bezug nehmen als Auslegung des §14(1) und (2) Datenschutzgesetz.
Wenn man das Thema Sollen und Sein in den Rechtswissenschaften wieder aufnimmt, so hat sich für mich in Laufe der Auseinandersetzung mit diesem Thema die Frage gestellt, was ist eigentlich ein Gesetz? Sowohl in den Rechtswissenschaften als auch in den Naturwissenschaften spielt der Begriff des Gesetzes eine wichtige Rolle, Recht ohne Gesetze ist nicht mehr denkbar, und in den Naturwissenschaften wird auch von Gesetzen

gesprochen, allerdings in einem anderen
Zusammenhang. Gesetzmäßigkeit wird in der
Physik als ein in der Natur beobachteter
Vorgang bezeichnet, der immer wieder
beobachtbar ist, ganz bestimmte Abläufe nach
bestimmten Kriterien typisch dafür sind, und
man diese Kriterien und Abläufe als
Ausgangspunkt nimmt für andere Phänomene, d.h.
man findet diese auch in anderen, ähnlichen
Naturvorgängen wieder, oder man geht davon aus,
dass diese jederzeit in einer bestimmten Form
wiederholbar sind. Hingegen versteht man unter
dem Begriff des Gesetzes in den
Rechtswissenschaften eben keine Beschreibung
eines Seins, sondern es wird ein Sollen in
einer bestimmten Art beschlossen von Menschen
für Menschen. Das ist der rein formelle
Gesetzesbegriff, der inhaltliche
Gesetzesbegriff legt den Schwerpunkt auf eine
Regelung eines Verhaltens als generell-
abstrakt, d.h. es gibt keinen bestimmten
Adressatenkreis, und der Inhalte der
rechtlichen Regelung geht über den Einzelfall
hinaus. So unterschiedlich heute
Rechtswissenschaften und Physik im Vergleich
als Wissenschaften bewertet werden, so gibt es
doch bei genauerer Betrachtung gewisse
Gemeinsamkeiten in den philosophischen
Grundlagen und Ansätzen. Denn auch
physikalische Theorien haben einen generell-
abstrakten Charakter, sie beschreiben oder
erklären mehrere oder Klassen von
physikalischen Phänomenen, nicht nur ein
bestimmtes Naturphänomen, und sie sind
generell, in dem Sinne, dass sie als
allgemeingültig angenommen werden, sie gelten

überall gleich, unabhängig von Zeit und Raum.

Auf Seite 23 des am Beginn erwähnten
rechtsphilosophischen Skriptums geht der Autor
auf das Thema Recht und Technik ein
unter II Technisierung und Verrechtlichung:"
Der Normenbedarf wurde in besonderem Maße durch
die fortschreitende Technisierung vieler
Lebensbereiche gesteigert. (...) immer mehr
Lebensbereiche, die bislang dem menschlichen
Einfluß entzogen waren, dh. als natürlich
galten, nunmehr künstlich gestaltbar bzw. zu
mindestens beeinflußt wurden. (...) Es werden
dadurch aber neue Verhältnisse geschaffen, die
an das Recht neue und immer zahlreicher
werdende Gestaltungsanforderungen stellen.
Durch die Technisierung werden nämlich bislang
nicht gegebene Gestaltungsalternativen
eröffnet, in die die unterschiedlichen, zT
kontroversen
Interessen einfließen und rechtliche Reaktionen
hervorrufen, Ordnung zu garantieren bzw. den
Konfliktaustrag widerstreitender Interessen zu
kanalisieren."
Diese Beurteilung weist schon eindeutig
daraufhin, dass die weiter zunehmenden
technischen Veränderungen in Zukunft durchaus
auch neue Herausforderungen für die
Gesetzgebung darstellen werden. Wenn man
bedenkt, dass dieses Skriptum 1987 meine
Lernunterlage war, sind das Aussagen, die schon
damals Gültigkeit hatten, erst recht in unserer
heutigen Zeit, in der gerade die
Digitalisierung, die Nutzung des Internets,
Smartphones, usw. stark zunehmen.

Bezugnehmend auf die bisherigen Ausführungen
über das Sollen und Sein als philosophische
Grundlagendebatte in den Rechtswissenschaften,
ist es für mich spannend diese Begriffspaare in
Quantenkryptografie, Quantencomputer und im
Gesetz wiederzufinden. Das Datenschutzgesetz
legt also ein Sollen fest, wie Menschen, die
mit Datenanwendung beschäftigt sind, sich
verhalten sollen, damit diese Daten nicht
missbraucht werden oder Dritte nicht leicht
Zugang erhalten, für die diese Daten nicht
bestimmt sind. Da die Quantenkryptografie ein
technisches Mittel ist, um die Daten vor
Missbrauch zu schützen, unterstützt diese
Technologie das Sollen, die Durchsetzung des
rechtlichen Sollens.
Die Rechtsnorm verlangt sogar den Einsatz von
technischen Hilfsmitteln, um die
Datensicherheit realisieren zu können.
Naturwissenschaft, Technik, in diesem Fall die
Naturwissenschaft Physik, und Rechtsnormen sind
in der zunehmend von neuen Technologien
dominierten Gesellschaft nicht mehr strikt
voneinander zu trennen, sondern sind
aufeinander bezogen.

Denn auf der anderen Seite, wenn man bedenkt,
wie häufig das Internet schon für Straftaten
genutzt wird, braucht man Rechtsnormen, Sollens
Vorschriften, die die Nutzung des Internets
regeln, um Straftaten überhaupt verfolgen zu
können.
PhysikerInnen beschäftigen sich zwar-verkürzt
gesagt-mit dem Sein, den Naturvorgängen, doch
dieses Sein kann, wie man sieht, zu einem
Sollen führen, zu einer Rechtsnorm, und kann

sogar in dieses rechtliche Sollen eingebunden
sein. Das Sein wird zum Sollen, oder das Sollen
wirkt direkt auf das Sein. Sollen und Sein sind
meiner Einschätzung nicht einmal theoretisch
strikt zu trennen, obwohl die beiden Begriffe
unterschiedlich interpretiert werden, und auch
für die Beschreibung unterschiedlicher Prozesse
verwendet werden. Umso mehr wird wieder einmal
deutlich, dass die Physik und die
Rechtswissenschaften auch auf
wissenschaftlicher Ebene mehr verbindet als
trennt, und diese beiden Wissenschaften
gemeinsame Projekt angehen sollten.
Dieses rechtliche Sollen braucht eigentlich als
Grundlage das Sein, das Zusammenleben der
Menschen in Gesellschaften, denn ohne diese
Grundlage hätte ein Sollen keinen Sinn, da es
ja den Menschen ein bestimmtes Verhalten
vorschreibt, und bei Nichteinhaltung Sanktionen
vorsieht. Und diese Sollens Vorschriften werden
immer aufgrund eines Seins, in diesem Fall des
Datenmissbrauchs, der immer wieder geschieht,
inhaltlich erstellt, und gehen auf diese
Verhaltensweisen ein, in dem das Sollen regelt,
wie ein Umgang mit Daten geschehen oder sein
soll. Ob dieses Gesetz auch wirksam wird, d.h.
die Menschen sich danach verhalten oder die
Rechtsnorm auch tatsächlich geeignete
Vorgangsweisen vorschreibt, die Datenmissbrauch
verhindern können, das Gesetz also seinen Zweck
erreicht, zeigt erst die Praxis, die
Erfahrungen mit dem Gesetz.

In den Ausführungen zu Szenario 1 und Szenario
2 kristallisiert sich also heraus, dass der-als
wesentlicher Vorteil von den ExpertInnen

genannte Aspekt der Abhörsicherheit der
Quantenkryptografie-auch gegen einen
Quantencomputer schützt, der bestimmte auf
klassischer Physik basierende
Verschlüsselungssysteme knacken kann.
Doch erst die Zukunft wird zeigen, ob sich die
Quantenkryptografie tatsächlich gegenüber
anderen schon vielfach und üblicherweise
genutzten Verschlüsselungssystemen durchsetzen
wird können.
Denn bei einer Risikoanalyse spielen immer auch
wirtschaftliche Überlegungen eine nicht
unbedeutende Rolle. Wirtschaftlichkeit in Bezug
auf die Kosten-Nutzenrelation und auch auf das
Vertrauen und die Nachfrage der KundInnen in
diese neue und nach dieser neuen Technologie.

Ich denke aber, dass die Quantenkryptografie
gegenwärtig noch keine große Bekanntheit
außerhalb von physikalischen Fakultäten an den
Universitäten hat. Die Quantenphysik selbst hat
meiner Einschätzung nach schon weit über die
Universitäten hinaus eine relative gute
Bekanntheit, da es zahlreiche
populärwissenschaftliche Bücher für
Interessierte - von durchaus auch bekannten
PhysikerInnen - zu lesen gibt.
Meine persönliche Motivation dieses Buch zu
schreiben liegt einerseits daran, dass mich
Quantenphysik interessiert, und ich
andererseits schon lange, seit vielen Jahren,
gesucht und geforscht habe, ob und welche
Verbindung zwischen Jus und Physik besteht,
inwiefern Auswirkungen von physikalischen
Erkenntnissen, die zu praktischen Anwendungen
geführt haben, von gesellschaftlicher und

gesetzlicher Relevanz sind, und v.a. zu welchen
rechtlich relevanten Auswirkungen diese geführt
haben, und wie spannend solche Verbindungen
zwischen diesen unterschiedlichen
wissenschaftlichen Fachrichtungen sind.

DIE SPRACHE

Besonders spannend und geistig attraktiv sind
für mich persönlich hauptsächlich
philosophische Betrachtungen und
Fragestellungen. In den Rechtswissenschaften
ist die-ebenso wie so manch bedeutender
Physiker es bewertet-Genauigkeit der Sprache
von größter Wichtigkeit, da jeder Begriff eine
bestimmte Bedeutung hat. Es gilt schwammige
Ausdrücke zu vermeiden, und eine klare,
deutliche Sprache zu finden, die in der Lage
ist, Prozesse und Vorgänge exakt zu
beschreiben. Doch während es in den
Rechtswissenschaften um die genaue Beschreibung
von Sachverhalten, Rechtslage und Tatbeständen
von Rechtsnormen geht, in denen das
zwischenmenschliche Zusammenleben geregelt
wird, versuchen ForscherInnen in der
Naturwissenschaft Physik Naturvorgänge auch
verbal zu beschreiben, physikalische
Experimente und physikalische Theorien und
physikalische Fragen, Themen, Problemstellungen
auch in Worte zu fassen. In der Physik spielt
also auch wie in den Rechtswissenschaften die
Sprache eine zentrale Rolle, ich habe deshalb

197

auch die Physiker Werner Heisenberg oder Niels
Bohr zitiert, wie sie über den Gebrauch der
Sprache in der Physik denken.
Ich habe dem Begriff der Abhörsicherheit auch
wegen der Bedeutung der Sprache in beiden
Wissenschaften viel Aufmerksamkeit gewidmet in
meinen bisherigen Ausführungen.
Ich habe auch versucht den Interpretationen der
Quantenphysik einen gewissen Raum zu geben, um
eine tiefere und andere Ebene der Quantenphysik
einzubringen, die in der Auseinandersetzung mit
den gesellschaftlichen Auswirkungen von den auf
Basis der Quantenphysik entwickelten
Quantentechnologien wie Quantenkryptografie und
Quantencomputer meiner Ansicht einen zentrale
Bedeutung hat.
Ich muss aber betonen, dass mich, gerade weil
ich durch meine rechtswissenschaftliche
Ausbildung geistig geprägt bin, an der
Quantenphysik, ganz generell an der Physik,
immer die praktischen Anwendungen und deren
(auch möglichen) gesellschaftlichen
Auswirkungen am meisten interessiert haben.
Das zusätzlich bei mir vorhandene
philosophische Interesse halte ich für eine
bereichernde Ausweitung in der inhaltlichen
Auseinandersetzung, für mich wird diese dadurch
einfach spannender.

Ein Teil dieser Arbeit widmet sich auch
feministischen Ansätzen. Ich habe einige
feministische Wissenschaftlerinnen zitiert. Auf
einen bisher nur einmal kurz erwähnten
feministischen Punkt werde ich an dieser Stelle
näher eingehen. Da ich auf die Thematik und
Bedeutung der Sprache, vielmehr der Genauigkeit

der Sprache auch in den Rechtswissenschaften
hingewiesen habe, ist es eigentlich
erstaunlich, dass auf eine geschlechtergerechte
Sprache anscheinend von jenen Menschen, die für
die Inhalte von Gesetzestexten verantwortlich
sind, wenig wert gelegt wird oder wurde in der
Vergangenheit.
Ich weiß, dass es viele Menschen gibt, die auch
wenig oder gar keinen Wert auf eine
geschlechtergerechte Sprache legen, aber mich
persönlich stört es sehr, wenn die Sprache so
dominiert wird von männlichen Begriffen. Heute
aber gibt es schon Tendenzen, diese Dominanz in
der Sprache zu durchbrechen. Oft kommt das
Argument, dass für die Durchsetzung von
Frauenrechten das "Innen" oder "in" in der
Sprache nicht wichtig ist. Doch die Sprache,
die wir verwenden, bestimmt unser Denken, und
dieses Denken beeinflusst unsere Handlungen,
daher ist die Sprache oder die Wortwahl
eigentlich sehr aussagekräftig und
ausschlaggebend.
Um auf die Inhalte dieser Arbeit
zurückzukommen: Es ist mir aufgefallen, dass im
§1 des österreichischen Datenschutzgesetzes das
erste Wort mit Jedermann beginnt, und noch dazu
verweist diese erste Rechtsnorm auf ein Grund-
und Menschenrecht, nämlich den Datenschutz, der
"Jedermann" zusteht.
Dieser Begriff jedermann zeigt sehr
beispielhaft, wie stark unsere Sprache von
männlichen Begriffen dominiert wird, denn unter
jedermann meinen wir in der Regel alle
Menschen, und doch steckt das Wort Mann in
jedermann. Natürlich kann man darüber
hinwegsehen, da die Bedeutung des Begriffes eh

alle meint, und Frauen nicht ausgrenzt. Rein sprachlich betrachtet sind genaugenommen nur Männer gemeint, da mit jedermann streng ausgelegt jeder Mann angesprochen wird, Frauen also sprachlich sehr wohl ausgegrenzt werden. Doch unter diesem Begriff werden dann alle Menschen subsumiert, also ist es Auslegungssache. Denn auf keinen Fall kann in diesem Kontext nur jeder Mann als Zielgruppe des Datenschutzgesetzes gemeint sein. Wenn man aber den Maßstab der Genauigkeit in der Sprache anlegt, ist der Begriff jedermann ganz schlecht gewählt, oder schlicht falsch. Es müsste einfach jeder Mensch heißen, denn dieser Begriff ist wirklich geschlechtsneutral, das heißt, er umfasst beide Geschlechter. Tatsächlich geht §57 österreichisches Datenschutzgesetz auf die sprachliche Gleichbehandlung ein, in dem Folgendes steht: „Soweit in diesem Artikel auf natürlich Personen bezogene Bezeichnungen nur in männlicher Form angeführt sind, beziehen sie sich auf Frauen und Männer in gleicher Weise. Bei der Anwendung der Bezeichnungen auf natürliche Personen ist die jeweils geschlechtsspezifische Form zu verwenden." Diese Erklärung im ersten Satz des gesetzlichen Textes, dass die männliche Sprachform Frauen und Männer meint, ist lange üblich gewesen, allmählich scheint sich aber doch bei Menschen, die öffentliche Berufe ausüben, wie PolitikerInnen oder JournalistInnen, eine Sprachform durchzusetzen, die beide Geschlechter miteinbeziehen will. In der mündlichen Sprache wird von oft die männliche und weibliche Form verwendet, während in der

Schriftsprache auch das nicht unumstrittene
Endung „Innen" geschrieben wird, wie ich es
auch in dieser Arbeit immer wieder verwende.
Aber ich schreibe auch, wenn ich Männer und
Frauen meine, die männliche und weibliche
Sprachform. Umgemünzt auf die oben genannten
öffentlichen Berufe der PolitikerInnen und der
JournalistInnen, schreibe ich auch gerne
Politiker und Politikerinnen oder
Journalistinnen und Journalisten. Diese
letztere Ausdrucksweise finde ich am
korrektesten, rein sprachlich. Es gibt
natürlich auch diese neutralen Bezeichnungen,
wie Person oder Menschen, die weder männlich
noch weibliche Sprachformen ausdrücken.
Wenn man aber mit der umgekehrten
Herangehensweise argumentierten würde, also die
weibliche Sprachform als die allgemeingültige
wählt, und dann erklärt, dass man damit Männer
und Frauen gleichermaßen anspricht, hätte diese
Vorgehensweise wahrscheinlich keine große
gesellschaftliche Zustimmung zur Folge. Wenn
ich also nur von Politikerinnen und
Journalistinnen spreche, und Männer auch meine,
ist diese Sprache nicht populär oder häufig
verwendet. Denn nach wie vor sind allgemein
anerkannt die Bezeichnungen Politiker und
Journalisten, und dabei auch die Frauen
mitgedacht werden.

Da die Rechtswissenschaften sich einer exakten
Sprache bedienen, plädiere ich auch für eine
konsequente Anwendung dieser Exaktheit in jeder
Hinsicht ohne solche erörterten Ausnahmen im
Datenschutzgesetz. Denn der Begriff jedermann
kommt nicht nur einmal vor. Statt die

Formulierung jeder Mensch zu verwenden, wird
gerne von jedermann gesprochen.
An dieser Stelle kann man den Vergleich des
österreichischen Datenschutzgesetzes mit der
EU-Datenschutzgrundverordnung (DSGVO) bezüglich
der Exaktheit und geschlechtergerechten Sprache
machen.
Ich habe mehrere Artikel dieser EU-
Datenschutzgrundverordnung bereits gelesen, und
immer wird ausschließlich von Personen
gesprochen, von natürlichen Personen oder
betroffenen Personen.
Schon Artikel 1 EU-DSGVO (mit der Formulierung
und Absteckung von Gegenstand und Zielen) gibt
die Richtung auch in der Sprache, und damit
darüber hinaus vor. Denn die Formulierung in
Art.1 Ziffer 1 besagt, dass diese Verordnung
Vorschriften zum Schutz natürlicher Personen
bei der Verarbeitung personenbezogener Daten
und zum freien Verkehr solcher Daten enthält.

Im Gegensatz zu Artikel 1 österreichisches DSG
der von Jedermann spricht, womit auch
juristische Personen gemeint sind, und nicht
nur natürliche, wird die Gültigkeit der neue EU
- DSGVO ausschließlich auf natürliche Personen
beschränkt, das bedeutet, dass alle
juristischen Personen, wie Unternehmen,
Behörden, etc. ausgenommen sind vom
Datenschutz. Es gelten dann die rechtlichen
Bestimmungen, die das Berufsgeheimnis regeln
etc.
Ich gehe davon aus, dass die Bezeichnung
natürliche Person anstatt des Begriffs
jedermann bewusst gewählt wurde, um auch in der
Sprache korrekt und geschlechtsneutral zu

formulieren.

An dieser Vorgangsweise sieht man bzw. am Vergleich der unterschiedlichen Formulierungen der EU -DSGVO und des österreichischen Datenschutzgesetzes, dass bewusste geschlechtergerechte Anwendung der Sprache leicht möglich ist, es eine Frage der Einstellung und des Wollens ist.

ZUSAMMENFASSUNG

Wie die Entwicklung der Quantenkryptografie in den vergangenen Jahren gezeigt hat, muss sich die Theorie der Abhörsicherheit in der Praxis erst bewähren, und daher hat diese aus meiner Sicht zunächst keinen Vorteil aufgrund der theoretisch besseren Sicherheitsvoraussetzungen gegenüber bisherigen Verschlüsselungssystemen. Während QuantenphysikerInnen grundsätzlich von Abhörsicherheit sprechen bei der Quantenkryptografie und dies als das zentrale Unterscheidungsmerkmal im Vergleich zu anderen kryptografischen Anwendungen bezeichnen, hat es für mich den Anschein, dass die Erkenntnis dieser Abhörsicherheit ausschließlich auf der Theorie der Quantenphysik basiert. Und folglich ist für mich als Juristin die Quantenkryptografie zwar natürlich eine neue Technologie der Verschlüsselung, hat aber auf der rechtlichen Ebene noch keinerlei größere Auswirkungen in der Art, dass Gesetze geändert oder erweitert werden müssten. Denn erst in

Zukunft wird sich durch das Bestreben der
ForscherInnen, die Anwendungen von
Quantenkryptografie weiter zu verbessern,
herausstellen, wie verlässlich diese
Abhörsicherheit in der Praxis sein kann.

Im Teil I habe ich Fragen aufgeworfen,
einerseits die Sinnhaftigkeit von nationalen
Datenschutzregelungen betreffend, und
andererseits weise ich auch auf andere Gesetze
als die Datenschutzregelungen hin.
Da es nun eine EU weit geltende Regelung geben
wird, die den Datenschutz dann in allen EU-
Staaten regeln wird, gelten nationale
Datenschutzgesetze grundsätzlich dann nicht
mehr. Diese grenzüberschreitend geltende
Datenschutz EU-Grundverordnung macht sicher
viel mehr Sinn, und wird den tatsächlichen
Gegebenheiten besser gerecht als Gesetze, die
an der Grenze haltmachen, obwohl durch die
Digitalisierung und Globalisierung die
Sicherheit von Daten und der Schutz von
personenbezogenen Daten längst schon keine
Grenzen mehr kennen. Da die EU-
Datenschutzgrundverordnung auch für Unternehmen
gilt, die außerhalb der EU ihren Sitz haben,
aber ihre Dienstleistungen in den Staaten der
EU anbieten, hat diese europäische Regelung
auch eine internationale Komponente.
Wesentlich ist nun auch an der neue EU-
Datenschutzregelung, dass dies nur für
natürliche Personen gilt, nicht aber für
Unternehmensdaten, also nicht für juristische
Personen oder Personengesellschaften. In diesen
Fällen gelten dann die kurz erwähnten
Strafgesetze über die Verletzung des

Berufsgeheimnisses.

Die besten Gesetze können Missbrauch nicht
verhindern, sondern bloß bestrafen. Aber wenn
eine Technologie tatsächlich Abhörsicherheit
möglich macht, dann können alle schützenswerten
Daten wie personenbezogene, und sensible Daten
dadurch verschlüsselt werden, und unbefugte
Personen können nicht mehr darauf zugreifen. Im
Prinzip könnte man zur Schlussfolgerung
gelangen, dass Technologien sehr wohl eine
gesellschaftspolitische Wirkung entfalten
können, auch wenn die ForscherInnen diese nicht
sehen wollen, und sich ausschließlich auf ihre
Forschungen und deren möglichen und
tatsächlichen Anwendungen fokussieren.
Wenn man nun den Fokus erweitert, und die
Quantenkryptografie und den Quantencomputer aus
rechtlicher Warte betrachtet, so haben beide
Technologien zwar stark Berührungspunkte in den
Auswirkungen der Anwendungen, doch
unterscheidet sich der Quantencomputer teils
auch grundlegend von der Quantenkryptografie.
Um an die oben ausgeführten rechtlichen
Konsequenzen der Quantenkryptografie
anzuknüpfen, bin ich zur Erkenntnis gelangt,
dass es sich eben bezüglich der rechtlichen
Auswirkungen bei der Anwendung eines
Quantencomputers anders verhält. Denn dieser
soll sich in Zukunft nicht nur als
Entschlüsselungstechnologie eignen, sondern er
verspricht zusätzlich viel größere und
weitreichendere Anwendungsmöglichkeiten als
bisherige Computer bis heute imstande sind. Und
diese möglichen Potenziale eines
Quantencomputers, der noch ziemlich am Anfang

in der Entwicklung in den Forschungslabors
steht, könnten durchaus in verschiedenen
Lebensbereichen Veränderungen bewirken, die
bezüglich der Gesetze und ganz allgemein auf
der rechtlichen Ebene zu Veränderungen und
Reaktionen führen werden. Einerseits muss man
sich natürlich wappnen gegen die Möglichkeit
der Entschlüsselung von bestimmten bisher
genutzten und breit angewendeten
Verschlüsselungssystemen. Andererseits muss man
auch im Auge behalten, wie ein möglicher
Quantencomputer mit vielen Quantenbits die
Arbeitswelt verändern könnte, wenn er die
heutigen Computer in der Anwendung ersetzen
sollte. Auch die Anwendung eines
Quantencomputers, gerade weil er schneller
rechnen kann, und mehrere Rechenvorgänge
gleichzeitig ausführen kann, könnte
beispielsweise in der Finanzwelt eingesetzt
werden, und den computergesteuerten
Börsenhandel erheblich verändern mit all den
möglichen negativen Auswirkungen.
Und wie könnte sich ein Quantencomputer
auswirken beim Einsatz in digitalen
Stromzählern oder in selbstfahrenden Autos?
Zusammenfassend nach all meinen Recherchen, die
ich in dieser Arbeit niedergeschrieben habe,
bin ich zur Erkenntnis gelangt, dass ein
Quantencomputer eine viel revolutionärere Kraft
für gesellschaftliche Veränderungen birgt als
die Quantenkryptografie. Umso spannender finde
ich daher auch die Entwicklung eines
Quantencomputers. Wobei ich auch die Meinung
vertrete, dass QuantenphysikerInnen mögliche
negative wie positive Folgen von Anwendungen
besser abschätzen können aufgrund des besseren

Wissens in ihrem Fachbereich.

TEIL VI
DER
QUANTENCOMPUTER

Wenn wir uns in die Zukunft beamen, in das Jahr 2050. Ein junger Mensch steht am Morgen auf, geht zur Arbeit und nutzt wie selbstverständlich in der Arbeit einen Quantencomputer. Vieles kann dieser Computer schneller, und auch gleichzeitig mehrere Rechenvorgänge ausführen.

Ich zitiere nochmals aus der Stellungnahme zu dem Projekt über Perspektiven der Quantentechnologien der deutschen Akademie der Technikwissenschaften und der deutschen nationalen Akademie der Wissenschaften im 3. Kapitel zum Thema Quanteninformation und Quantencomputer werden wesentliche Fähigkeiten eines möglichen Quantencomputers zusammengefasst: " Die Leistungsfähigkeit eines Quantencomputers zeigt sich daran, dass er zuvor sehr zeitintensive Aufgaben effizient ausführen kann. So kann ein Quantencomputer den sogenannten Shor Algorithmus ausführen, mit dessen Hilfe sich große Zahlen effizient in ihre Faktoren zerlegen lassen und diskrete Logarithmen berechnet werden können. Effiziente Algorithmen, um dieses Problem auf klassischen Computern zu lösen, sind nicht bekannt. Würde ein großer Quantencomputer

wirklich wie erwartet gebaut werden, so könnte
er alle wichtigen klassischen Public-Key-
Verfahren (Kryptografie wie Authentisierung)
brechen, was verheerende Folgen für die
Sicherheit im Internet hätte."

Im der Zeitschrift Bild der Wissenschaft vom
Dezember 2015 schreibt der Autor Christian J.
Meier über den Quantencomputer: " Die
Investoren wetten auf einen künftigen
Milliardenmarkt. Schrankgroße Quantencomputer
sollen in nicht einmal einem Jahrzehnt komplexe
chemische Reaktionen schneller und präziser
simulieren können als etagenfüllende
konventionelle Supercomputer. Das könnte die
Suche nach neuen Wirkstoffen für Medikamente
stark beschleunigen oder den enormen
Energiebedarf bei der Herstellung von
Kunstdünger erheblich vermindern, ist Aspuru-
Guzik überzeugt." Im Absatz vorher wird Alan
Aspuru-Guzik vorgestellt, er ist
Wissenschaftler an der Havard University in
Boston.
Und weiter heißt es in diesem Artikel: " Auch
das Design neuer Werkstoffe mit
maßgeschneiderten Eigenschaften soll mithilfe
von Quantencomputern möglich sein: etwa von
Supraleitern, die bei Raumtemperaturen Strom
verlustfrei leiten, oder von Solarzellen, die
Licht ebenso effizient in elektrische Energie
verwandeln, wie grüne Pflanzenblätter es tun.
Spezialanwendungen in Chemie und
Materialwissenschaften gelten als relativ
leichte Übung für einen Quantencomputer. Denn
der benutzt zum Rechnen Ionen-elektrisch
geladene Atome - oder Elektronen, also die

elementarsten Bausteine von Molekülen und
Festkörpern."
Diese Informationen in diesem Artikel im Bild
der Wissenschaften offenbaren, zu welch
vielfältigen Anwendungen ein Quantencomputer
eines Tages fähig sein könnte. Aus juristischer
Perspektive ist wie schon näher darauf
eingegangen natürlich die Möglichkeit der
Entschlüsselung von Relevanz, aber auch der
Einsatz eines Quantencomputers für deutlich
schnellere Rechenvorgänge wie z.B.: im
Hochfrequenzhandel an den Börsen. In diesem
Fall gibt es gesetzliche Regelungen, sogar eine
EU-Richtlinie über Märkte für
Finanzinstrumente.
Auf diese Regelungen werde ich an einer
späteren Stelle noch viel genauer eingehen.
Interessant ist wie in diesem Artikel im Bild
der Wissenschaften der Autor die Anwendung
eines Quantencomputers als
Entschlüsselungsmaschine beschreibt:" Doch für
spannende Anwendungen außerhalb von Chemie und
Werkstoffforschung bräuchte es Tausende von
Qubits. Der US-Mathematiker Peter Shor schrieb
1994 ein Programm für einen solchen extrem
starken Quantencomputer, um gängige
Verschlüsselungsverfahren für Online-Banking
oder abhörsichere Kommunikation in ein paar
Minuten knacken zu können. Selbst ein
Supercomputer von der Größe Mitteleuropas, der
an einem Tag den Energievorrat der Erde
aufzehren würde, bräuchte für die gleiche
Aufgabe ein Jahrzehnt. Ein paar Tausend Qubits
dagegen passen rein rechnerisch mühelos auf
einen winzigen Computerchip. Daraus ergibt sich
ein atemberaubender Traum: ein " Quanten-

Tablet" mit der Leistungsfähigkeit einer, Kontinent großen konventionellen Rechenmaschine."
Also das sind schon ziemlich größenwahnsinnige Fantasien oder Visionen, was denn ein Quantencomputer Großartiges und eigentlich Unvorstellbares leisten können sollte.
In der Realität des Jahre 2018 sind allerdings erst Quantencomputer mit 20 Quantenbits (Qubits) bis zu ca. 70 realisierbar, also noch sind die ForscherInnen weit weg von diesem Superquantencomputer mit den fantastisch erscheinenden technischen Möglichkeiten.
"Ein klassischer Rechner erreicht nur durch das langwierige Abklappern jeder einzelnen Möglichkeit: etwa das Suchen nach Informationen in einer ungeordneten Datenbank. Je größer diese ist, desto bestechender wäre der Tempovorteil eines Quantencomputers. Zudem können große Quantencomputer blitzschnell Reiserouten, komplexe Schaltpläne oder Raumfahrtmissionen optimieren," steht als weitere Information in diesem Artikel.

Aus juristischer Sicht ist an diesem noch nicht verwirklichten, sondern nur theoretisch möglichen technischen Anwendungen eines Quantencomputers besonders relevant die Überlegung, ab wann sollte man eigentlich neue Regelungen andenken oder ab wann sollte man sich fragen, ob etwaige negative oder unerwünschte Folgen von neuen Technologien von den bisher geltenden Gesetzen und Rechtsnormen umfasst werden?
Während es bei der Quantenkryptografie bereits Anwendungen gibt, ist daher die grundlegende

rechtliche Betrachtungsweise bei einem
möglichen Quantencomputer eine völlig andere,
da dieser immer noch nur im Labor existiert,
und mit relativ kleinen Kapazitäten, die man
jedoch nicht unterschätzen sollte, wenn man an
das Quanteninternet denkt, das bald möglich
sein könnte.
Doch man muss auch in die rechtlichen
Überlegungen miteinbeziehen, dass es
QuantenphysikerInnen gibt, die immer noch
Zweifel haben, ob ein Quantencomputer mit
großen Kapazitäten überhaupt je möglich sein
wird.

Berichtenswert ist, dass die NSA im letzten
Jahr der Öffentlichkeit vorgeschlagen hat, bald
auf Post-Quanten-Verfahren umzusteigen, (ich
habe diese im Zusammenhang mit der
Quantenkryptografie in einem vorigen Kapitel
bereits erwähnt) weil die Verschlüsselung mit
RSA - Algorithmen, die bisher als unknackbar
gelten, dann nicht mehr sicher sind.
Mit den Post-Quanten-Verfahren sind
Verschlüsselungsmethoden gemeint, die ein
Quantencomputer nicht knacken kann, die NSA
testet sie bereits, schreibt Bernd Müller,
ebenfalls in einem Artikel in der Zeitschrift
Bild der Wissenschaft vom Dezember 2015.
Auch schreibt er, dass es das Aus für die RSA -
Verschlüsselungsverfahren bedeuten würde, wenn
es leistungsfähige Quantencomputer gibt.

Doch die Frage als Juristin, die ich mir
stelle, geht darüber hinaus, sollte
Gesetzgebung denn nicht schon viel früher
eingreifen, und Verschlüsselungsverfahren

verbieten, die durch einen Quantencomputer leicht zu knacken wären? Hinter dieser Frage steht die Überlegung, was denn passieren würde, wenn man erst andere Verschlüsselungssysteme nutzt, die ein Quantencomputer nicht knacken kann, wenn es einen solchen einsatzfähigen Quantencomputer bereits gibt. Man weiß ja auch nicht genau, wann es soweit sein könnte, und wer einen solche dann nutzt. Man sollte ja verhindern, dass ein Quantencomputer überhaupt einen Schaden anrichten kann, und viele Daten entschlüsselt, die dann vielleicht in die falschen Hände fallen, und es zu katastrophalen Folgen kommt. Manchmal wird der Gesetzgebung vorgeworfen zu spät mit rechtlichen Regelungen auf Missstände, Missbrauch oder andere negative Folgen von Technologien zu reagieren. Also daher stelle ich nochmals mit Nachdruck die Frage, ab wann sollte man mit gesetzlichen Regelungen eingreifen? Diese Frage erscheint mir in Verbindung mit einem möglichen Quantencomputer mit großen Kapazitäten zentral! Aber diese allgemein formulierte Frage ist an dieser Stelle zu weit gefasst, daher schränke ich die Frage auf einen möglichen Quantencomputer ein. Also ab wann wäre es relevant oder angebracht, um dieser neuen Technologie rechtlich einen Rahmen zu bieten?

Zunächst einmal erinnere ich an die am Beginn der Arbeit entwickelten Szenarien. Einen möglichen Quantencomputer betreffen hauptsächlich Szenario 3 und Szenario 4, Szenario 2 mit Bezug auf die Quantenkryptografie habe ich schon behandelt, wird aber am Rande natürlich auch noch

vorkommen. Es soll der Schwerpunkt aber nicht
mehr auf der Quantenkryptografie liegen,
sondern am Quantencomputer.

Hier zur Erinnerung die beiden Szenarien:

Szenario 3:

Die entwickelten Quantencomputer erreichen
Rechenkapazitäten, die zu mindestens jenen der
heutigen klassischen Computer entsprechen oder
sogar weit darüber hinaus gehen.
Im Prinzip kann dieser Quantencomputer den
klassischen Computer ersetzen.
Betrachtet wird der Einsatz eines solchen
Quantencomputers in jenen Arbeitsprozessen und
Lebensbereichen, wo man schon bisher Computer
eingesetzt hat, und in der Finanzwelt beim
computergesteuerten Börsenhandel, dem
Hochfrequenzhandel. In einer EU-Richtlinie wird
dieser geregelt. In diesem Zusammenhang wird
die Frage erörtert, ob und ab wann die neue
Technologie des Quantencomputers in diese
Regelung miteinbezogen werden sollte.

SZENARIO 4:

Die Anwendung der Quantentechnologie der
Supraleitung wird für die Stromleitung genutzt.
Im Gegensatz zu den gegenwärtigen technischen
Möglichkeiten durch die, laut Schätzungen 15%
der Leistung durch den Leistungswiderstand
verloren gehen, ermöglicht die Supraleitung

eine widerstandsfreie bzw. verlustfreie
Stromleitung.

Szenario 3 betrifft einen breit genutzten
Quantencomputer mit großen Kapazitäten,
betrachtet v.a. beim Einsatz im
Hochfrequenzhandel. Diese Nutzung wäre durchaus
brisant.
Anders liegt der Fall bei dem Einsatz des
Quantencomputers für die verlustfreie
Stromleitung. Das wäre ein enormer
Energiegewinn bzw. Einsparung beim
Energieverlust.

Wenn wir jetzt wieder in die Zukunft reisen,
und uns vorstellen, dass der Quantencomputer
bereits Realität ist, wird es spannend.
Denn nun sind die Szenarien Realität. Das Jahr
2050 passt für den Quantencomputer gut, d.h. je
weiter entfernt in die Zukunft, umso eher kann
er tatsächlich Realität sein.
Doch bevor ich mich den rechtlichen Regelungen
und den rechtlichen Überlegungen widme, zitiere
ich noch einen Auszug aus einem Artikel über
den Quantencomputer aus der Zeitschrift
Spektrum der Wissenschaften, vom 4/10(April
2010) besonders, weil der Inhalt dieses
Artikels sich doch von jenem Artikel aus Bild
der Wissenschaften unterscheidet. Die Autoren
Christopher R. Monroe und David J. Wineland
haben nämlich eine kritischere Einschätzung von
den möglichen Kapazitäten eines
Quantencomputers. Sie schreiben: „In den
letzten Jahren haben sich Rechentempo und
Zuverlässigkeit von Computern drastisch erhöht.
Moderne Chips packen fast eine Milliarde

Transistoren auf eine zentimetergroße
Siliziumscheibe, und künftig werden
Computerelemente noch weiter schrumpfen, bis
hinunter zur Größe einzelner Moleküle. Solche
Rechner dürften höchst ungewohnt anmuten, denn
sie werden nach quantenmechanischen Regeln
arbeiten-gemäß den physikalischen Gesetzen, die
das Verhalten von Atomen und Elementarteilchen
erklären. Daran knüpft sich die große
Erwartung, dass Quantencomputer bestimmte
wichtige Aufgaben wesentlich schneller
auszuführen vermögen als herkömmliche Rechner.
Die wohl bekannteste dieser Aufgaben ist das
Faktorisieren einer großen Zahl, die das
Produkt zweier Primzahlen ist. Zwei Primzahlen
zu multiplizieren fällt Computern leicht,
selbst wenn die Zahlen hunderte Ziffern lang
sind, aber der umgekehrte Prozess-das Herleiten
der Primfaktoren-ist so schwierig, dass er die
Grundlage fast aller heute gebräuchlichen
Verschlüsselungstechniken bildet, vom Online-
Banking bis zur Übertragung von
Staatsgeheimnissen. „

Scott Aaronson schreibt in demselben Dossier
vom April 2010 in der Zeitschrift Spektrum der
Wissenschaften dann weiter sehr kritisch über
die Grenzen der Quantencomputer: Wir sollten
lieber herausfinden, welche Grenzen den
Quantencomputer gesetzt sind, und was sie-wenn
wir sie erst einmal haben-wirklich können. Seit
der Physiker Richard Feynman 1981 erstmals die
Idee formulierte, haben Informatiker sehr
genaue Vorstellungen über die Probleme
entwickelt, für die Quantenrechner gut wären.
Soweit wir derzeit wissen, würden sie bei

gewissen Spezialaufgaben tatsächlich das
Rechentempo drastisch steigern-etwa beim
Knacken der kryptografischen Kodes, mit denen
finanzielle Transaktionen im Internet
verschlüsselt werden. Doch bei anderen Aufgaben
wie Schachspielen, Aufstellen von Flugplänen
oder mathematischen Beweisen dürften
Quantencomputer an die gleichen algorithmischen
Grenzen stoßen wie heutige Rechner. Diese
prinzipiellen Schranken gelten ganz unabhängig
von den praktischen Schwierigkeiten, einen
Quantencomputer zu bauen.
Und am Ende seines Artikels fasst er zusammen,
dass selbst ein großer, perfekter
Quantencomputer vermutlich an ähnliche
prinzipielle Grenzen stoßen würde wie heutige
klassische Rechner. „Dennoch sollten sich die
Physiker jede Mühe geben, wenigstens einfache
Prototypen eines Quantencomputers zu bauen.
Dafür gibt es vier gute Gründe:

1.Falls Quantencomputer jemals funktionieren,
wird ihre Hauptaufgabe wohl weniger das
Codeknacken sein, vielmehr etwas so
Offensichtliches, dass es kaum erwähnt wird:
die rechnerische Simulation der Quantenphysik.
Das ist ein fundamentales Problem in
Teilchenphysik, Chemie und Nanotechnik; sogar
für Teilfortschritte wurden schon Nobelpreise
verliehen.
2. Wenn die Transistoren in Mikrochips sich
atomaren Größenordnungen nähern, werden die
Ideen der Quanteninformatik auch für klassische
Computer relevant.
3. Experimente mit Quantencomputern richten die
Aufmerksamkeit auf die seltsamsten

Eigenschaften der Quantenphysik. Statt diese Rätsel unter den Teppich zu kehren, werden wir hoffentlich gezwungen sein, an ihrer Lösung zu arbeiten.
4. Durch die Quanteninformatik wird die Quantenmechanik selbst auf die denkbar strengste Probe gestellt. Das vielleicht faszinierendste Ergebnis wäre die Entdeckung eines Prinzips, wonach Quantencomputer prinzipiell nicht möglich sind. Ein solcher Fehlschlag würde unser physikalisches Weltbild umwälzen, während ein Erfolg es nur bestätigen würde. „

Da stellt sich die interessante Frage, ob der Autor des oben zitierten Artikels den seit einiger Zeit existierenden Quantencomputer mit max. 70 Quantenbits schon als Realisierung eines echten Quantencomputers ansieht, denn von der Entwicklung eines Quantencomputers mit großen Kapazitäten sind die ForscherInnen noch weit entfernt. Ich weiß aus dem Gespräch mit einem Quantenphysiker, dessen Forschungsschwerpunkt der Quantencomputer ist, dass es bereits im Herbst 2012 Quantencomputer mit ca. 10 Quantenbits in den Labors gab. Doch wie auch immer, es scheint noch lange keine big scaled Quantencomputer zu geben. Und daher komme ich zu den rechtlichen Überlegungen und zu der Frage zurück, ob es überhaupt Sinn macht, einen möglichen Quantencomputer, der als Entschlüsselungsmaschine genutzt werden kann, schon vorab in rechtlichen Regelungen miteinzubeziehen, also mit zu bedenken?
Wenn man diese Frage mithilfe der Rechtsphilosophie beantworten will, kann man

sich den generell-abstrakten Charakter eines
Gesetzes in Erinnerung rufen. Das bedeutet,
dass Gesetze viele möglichen Sachverhalte
umfassen sollten, das könnten natürlich auch
erst in Zukunft eintretende
tatbestandsrelevante Ereignisse sein. Daher
muss man sich zuerst die entsprechende
gesetzliche Regelung ansehen.
Da ich schon näher auf das Datenschutzgesetz
eingegangen bin, muss ich jetzt noch
hinzufügen, welche gesetzlichen Regelungen für
eine missbräuchliche Entschlüsselung durch den
Quantencomputer infrage kommen. Da bei der
Absicht, verschlüsselte Daten zu entschlüsseln,
meist ein unrechtmäßiges Handeln dahintersteht,
kommt das österreichische Strafgesetzbuch zur
Anwendung, und zwar der 5. Abschnitt, der die
Verletzungen der Privatsphäre und bestimmter
Berufsgeheimnisse regelt.
§118a regelt den widerrechtlichen Zugriff auf
ein Computersystem. §118a (1) Wer sich zu einem
Computersystem, über das er nicht alleine oder
nicht alleine verfügen darf, oder zu einem Teil
eines solchen durch Überwindung von
Sicherheitsvorkehrungen im Computersystem in
der Absicht Zugang verschafft, 1. sich oder
einem anderen Unbefugten Kenntnis von
personenbezogenen Daten zu verschaffen, deren
Kenntnis schutzwürdige Geheimhaltungsinteressen
des Betroffenen verletzt, oder 2. einem anderen
durch die Verwendung von im System
gespeicherten und nicht für ihn bestimmten
Daten, deren Kenntnis er sich verschafft, oder
durch die Verwendung des Computers einen
Nachteil zuzufügen, ist mit Freiheitsstrafe bis
zu sechs Monaten oder mit Geldstrafe bis zu 360

Tagessätzen zu bestrafen.
Mit einer noch höheren Freiheitsstrafe mit bis
zu 2 Jahren nämlich, sind Personen bedroht nach
§ 118a (2), die die Tat in Bezug auf ein
Computersystem begehen, das ein wesentlicher
Bestandteil der kritischen Infrastruktur ist.
Wenn man einer kriminellen Vereinigung angehört
steigt die Strafe auf bis zu 3 Jahren
Freiheitsentzug.
§119a regelt das missbräuchliche Abfangen von
Daten.

Unter dem Begriff der kritischen Infrastruktur
sind z.B.: Energieunternehmen gemeint, wenn
also von Kriminellen durch Hackerangriffe das
Stromnetz ausfällt.
§119a (1) Wer in der Absicht, sich oder einem
anderen Unbefugten von im Wege eines
Computersystems übermittelten und nicht für ihn
bestimmten Daten Kenntnis zu verschaffen und
dadurch, dass er die Daten selbst benützt,
einem anderen, für den sie nicht bestimmt sind,
zugänglich macht oder veröffentlicht, sich oder
einem anderen einen Nachteil zuzufügen, eine
Vorrichtung, die an dem Computersystem
angebracht oder sonst empfangsbereit gemacht
wurde, benützt oder die elektromagnetische
Abstrahlung eines Computersystems auffängt,
ist, wenn die Tat nicht nach §119 mit Strafe
bedroht ist, mit Freiheitsstrafe bis zu sechs
Monaten oder mit Geldstrafe bis zu 360
Tagessätzen zu bestrafen.
Außerdem regelt noch §126b die Störung der
Funktionsfähigkeit eines Computersystems und
§126c den Missbrauch von Computerprogrammen
oder Zugangsdaten

All diese Strafgesetze mit Ausnahme des § 126a
der Datenbeschädigung sind erst im Laufe der
vergangenen Jahre neu in das österreichische
Strafgesetzbuch aufgenommen worden. Daran
erkennt man schon ganz eindeutig, dass die
regelmäßige Nutzung des Computers im Alltag,
dieser ist Teil unseres Lebens geworden, auch
starken Eingang in die Rechtsordnung in der
Form gefunden hat, dass auch Missbrauch und
unerlaubter Zugriff auf Daten des Computers
oder auf ein Computerprogramm vorkommen kann
und unter Strafe gestellt ist.
Die Nutzung eines Quantencomputers, um
Abhörsysteme zu knacken, und an die
verschlüsselten Daten zu kommen, kann unter §
118a widerrechtlicher Zugriff auf ein
Computersystem fallen, da absichtlich die
Sicherheitsvorkehrungen mit Hilfe des
Quantencomputers überwunden werden können.
Wenn nun der Quantencomputer nach meinem
Zukunftsszenario Teil des Alltagslebens wird,
kann ich mir gut vorstellten, dass dadurch noch
weitere Möglichkeiten des Missbrauchs
auftauchen, und daher auch weitere gesetzliche
Regelungen nötig sein könnten. Aber jedenfalls
gibt es schon heute Regelungen, wie besonders
§118a Strafgesetzbuch, die auch auf einen
Missbrauch durch einen möglichen
Quantencomputer als Entschlüsselungsmaschine
anwendbar werden.
Erwähnenswert ist noch §148a, dieser regelt den
betrügerischen Datenverarbeitungsmissbrauch.

Wenn man den Einsatz eines Quantencomputers
beim computergesteuerten Börsenhandel
betrachtet, muss man sich hingegen andere

Gesetze ansehen, das Börsengesetz etwa.
Allerdings gibt es seit 2014 eine Einigung auf
europäischer Ebene über strenge Kontrollen von
Finanzinstrumenten auf den Finanzmärkten. Dabei
wird auch der computergesteuerte Börsenhandel
strenger geregelt, in einem Papier, das die
europäische Kommission im Jänner 2014
veröffentlichte steht unter key elements of the
agreement, also Schlüsselelemente der
Vereinbarung, unter Punkt 4: MiFID II (Markets
in Financial Instruments) will introduce
trading controls for algorithmic trading
activities which have dramatically increased
the speed of trading and can cause systemic
risk. These safeguards include the requirement
for all algorithmic traders to be properly
regulated and to provide liquidity when
pursuing an market-making strategy. In
addition, investment firms which provide direct
electronic access to a trading venue will be
required to have in place systems and risk
controls to prevent trading that may contribute
to a disorderly market or involve market abuse.
Es sollen Handelskontrollen für alle
algorithmischen Handelsaktivitäten kommen, die
dramatisch die Geschwindigkeit beim Handel
vergrößern, und die ein Systemrisiko
verursachen können, anders gesagt einen
Börsencrash.
Alle Algorithmen am Handel werden genau
reguliert. Außerdem werden den Investmentfirmen
auch strenge Kontrollen auferlegt, indem diese
vermeiden sollen, dass es beim
computergesteuerten Börsenhandel, der auf dem
Einsatz von Algorithmen basiert, zu einem
unruhigen oder ordnungswidrigen Markt kommt,

oder zu Marktmissbrauch kommt, müssen sie Strategien entwickeln.

Geregelt sind diese Vorgaben in Artikel 17 algorithmischer Handel der EU-Richtlinie 2014/65 über Märkte für Finanzinstrumente: Artikel 17 Algorithmischer Handel: (1) Eine Wertpapierfirma, die algorithmischen Handel betreibt, verfügt über wirksame Systeme und Risikokontrollen, die für das von ihr betriebene Geschäft geeignet sind, um sicherzustellen, dass ihre Handelssysteme belastbar sind und über ausreichende Kapazitäten verfügen, angemessenen Handelsschwellen und Handelsobergrenzen unterliegen sowie die Übermittlung von fehlerhaften Aufträgen oder eine Funktionsweise der Systeme vermieden wird, durch die Störungen auf dem Markt verursacht werden könnten bzw. ein Beitrag zu diesen geleistet werden könnte. Eine solche Wertpapierfirma verfügt außerdem über wirksame Systeme und Risikokontrollen, um sicherzustellen, dass die Handelssysteme nicht für einen Zweck verwendet werden können, der gegen die Verordnung (EU) Nr. 596/2014 oder die Vorschriften des Handelsplatzes verstößt, mit dem sie verbunden ist. Die Wertpapierfirma verfügt über wirksame Notfallvorkehrungen, um mit jeglichen Störungen in ihren Handelssystemen umzugehen, und stellt sicher, dass ihre Systeme vollständig geprüft sind und ordnungsgemäß überwacht werden, damit die in diesem Absatz festgelegten Anforderungen erfüllt werden.

Die Verantwortung wird also den
Investmentfirmen auferlegt, die sich dieses
mathematischen Computerrechnens bedienen, das
den Handel an der Börse deutlich schneller
macht.

In der Verordnung der EU vom 25.4 2016 zur
Ergänzung der Richtlinie 2014/65 über Märkte
für Finanzinstrumente findet man folgende
Regelungen zur näheren Erläuterung des
algorithmischen (Hochfrequenz)Handels:

Artikel 18 Algorithmischer Handel

(Artikel 4 Absatz 1 Nummer 39 der Richtlinie
2014/65/EU): Zur weiteren Spezifizierung der
Definition des algorithmischen Handels im Sinne
von Artikel 4 Absatz 1 Ziffer 39 der Richtlinie
2014/65/EU gilt ein System als System mit
eingeschränkter oder gar keiner menschlichen
Beteiligung, wenn bei einem Auftrags- oder
Quotenverfahren oder einem Verfahren zur
Optimierung der Auftragsausführung ein
automatisiertes System in einer Phase der
Einleitung, des Erzeugens, des Weiterleitens
oder der Ausführung von Aufträgen oder Quotes
Entscheidungen nach vorgegebenen Parametern
trifft.

Artikel 19 Hochfrequente algorithmische Handelstechnik

(Artikel 4 Absatz 1 Nummer 40 der Richtlinie
2014/65/EU):
1. Ein hohes untertägiges Mitteilungsaufkommen
gemäß Artikel 4 Absatz 1 Ziffer 40 der
Richtlinie 2014/65/EU besteht aus der
Übermittlung von durchschnittlich:

a) mindestens 2 Mitteilungen pro Sekunde in Bezug auf jedes einzelne Finanzinstrument, das an einem Handelsplatz gehandelt wird;
b) mindestens 4 Mitteilungen pro Sekunde in Bezug auf alle Finanzinstrumente, die an einem Handelsplatz gehandelt werden.
2. Für die Zwecke von Absatz 1 werden Mitteilungen bezüglich Finanzinstrumenten, für die ein liquider Markt im Sinne von Artikel 2 Absatz 1 Ziffer 17 der Verordnung (EU) Nr. 600/2014 besteht, aus den Berechnungen ausgeschlossen. Für Zwecke des Handels erfolgende Mitteilungen, die die Kriterien von Artikel 17 Absatz 4 der Richtlinie 2014/65/EU erfüllen, werden in die Berechnung einbezogen.
3. Für die Zwecke von Absatz 1 werden Mitteilungen für die Zwecke des Handels für eigene Rechnung in die Berechnung einbezogen. Über andere Handelstechniken als Techniken für den Handel für eigene Rechnung erfolgende Mitteilungen werden in die Berechnung einbezogen, wenn die Ausführungstechnik der Wertpapierfirma so strukturiert ist, dass die Ausführung für eigene Rechnung vermieden wird.
4. Für die Zwecke von Absatz 1 werden bei der Festlegung eines hohen untertägigen Mitteilungsaufkommens in Bezug auf Anbieter eines direkten elektronischen Zugangs Mitteilungen, die von deren Kunden übermittelt werden, aus den Berechnungen ausgeschlossen.
5. Für die Zwecke von Absatz 1 stellen die Handelsplätze den betreffenden Firmen auf Verlangen monatlich jeweils zwei Wochen nach Ende des Kalendermonats Schätzungen der durchschnittlichen Anzahl von Mitteilungen pro Sekunde zur Verfügung, wobei sämtliche

Mitteilungen der vorangegangenen 12 Monate zu berücksichtigen sind.

Und Artikel 4 der EU-Richtlinie 2014/65 regelt unter Begriffsbestimmungen in Ziffer 39, 40 und 41 folgendes:

Ziffer 39. „algorithmischer Handel" der Handel mit einem Finanzinstrument, bei dem ein Computeralgorithmus die einzelnen Auftragsparameter automatisch bestimmt, z. B. ob der Auftrag eingeleitet werden soll, Zeitpunkt, Preis bzw. Quantität des Auftrags oder wie der Auftrag nach seiner Einreichung mit eingeschränkter oder gar keiner menschlichen Beteiligung bearbeitet werden soll, unter Ausschluss von Systemen, die nur zur Weiterleitung von Aufträgen zu einem oder mehreren Handelsplätzen, zur Bearbeitung von Aufträgen ohne Bestimmung von Auftragsparametern,
zur Bestätigung von Aufträgen oder zur Nachhandelsbearbeitung ausgeführter Aufträge verwendet werden;

Ziffer 40. „hochfrequente algorithmische Handelstechnik" eine algorithmische Handelstechnik, die gekennzeichnet ist durch a) eine Infrastruktur zur Minimierung von Netzwerklatenzen und anderen Verzögerungen bei der Orderübertragung (Latenzen), die mindestens eine der folgenden Vorrichtungen für die Eingabe algorithmischer Aufträge aufweist: Kollokation, Proximity Hosting oder direkter elektronischer Hochgeschwindigkeitszugang
b) die Entscheidung des Systems über die

Einleitung, das Erzeugen, das Weiterleiten oder
die Ausführung eines Auftrags ohne menschliche
Intervention, und
c) ein hohes untertägiges Mitteilungsaufkommen
in Form von Aufträgen, Quotes oder
Stornierungen;

Sollte also ein Quantencomputer diesen Handel
noch zusätzlich beschleunigen, und damit auch
das Risiko eines Börsencrashs, so fällt dies
erst recht unter die neuen strengeren Regeln.
Man könnte auch sagen, da die Algorithmen genau
überprüft werden, dass der Quantencomputer
unter einer besonderen Aufmerksamkeit steht.
Wenn man sich den Gesetzestext genauer ansieht,
so kann man die Nutzung eines Quantencomputers
unter Artikel 19 Hochfrequente algorithmische
Handelstechnik subsumieren, besonders wegen der
schnellen Übermittlung von mindestens 2
Mitteilungen pro Sekunde in Bezug auf jedes
einzelne Finanzinstrument oder mindestens 4
Mitteilungen pro Sekunde in Bezug auf alle
Finanzinstrumente, dieser Artikel steht in
Verbindung mit Artikel 4 (1) Ziffer 40 der EU-
Richtlinie 2014/65), wo der Begriff der
hochfrequenten algorithmischen Handelstechnik
erläutert wird, unter anderem ist auch ein
direkter elektronischer
Hochgeschwindigkeitszugang ohne menschliche
Intervention gemeint.
Da man vermuten kann, dass ein Quantencomputer
den computergesteuerten Börsenhandel noch
deutlich beschleunigen wird, passt der Begriff
Hochgeschwindigkeitszugang.
Da Artikel 19 ein Mindestmaß bei den
Mitteilungen pro Sekunde fordert, umfasst die

Regelung auch noch schnellere Mitteilungen pro
Sekunde, 2 sind also nur das Minimum, sollte es
noch schneller gehen. Und das scheint in der
Zukunft durchaus realisierbar auch ohne einen
Quantencomputer. Da die Regelung eine Grenze
der Hochgeschwindigkeitsübermittlung mittels
Computer offenlässt, ist man also gerüstet und
abgesichert für sämtliche noch deutlich
schnellere Handelsdurchführungen an den Börsen.
In Bezug auf die Fähigkeit eines
Quantencomputers, noch viel schnellere
Übermittlungen pro Sekunde auszuführen, ist in
Zukunft keine zusätzliche rechtliche Regelung
erforderlich.
Offenbar hat man in dieser Regelung auch schon
an die Zukunft gedacht, sollten die Computer
noch schnellere Handelsmitteilungen möglich
machen. Man hat den Eindruck, dass es auch gar
nicht schwierig ist, diese Materie auch in
Hinblick auf zukünftige Veränderungen bezüglich
der Schnelligkeit zu regeln, dies scheint heute
schon absehbar. Daher kann man ohne weiteres
diese rechtlichen Regelungen ausweiten, wie es
in diesem Fall nun geschehen ist. Doch
schwieriger wird es bei Sachverhalten, die zwar
heute auch schon absehbar sein können, wo die
Komplexität der Lebenswirklichkeit so
ausgeprägt ist, dass man heute noch nicht gut
voraussehen kann, welche Probleme tatsächlich
auftreten könnten.

Das österreichische Börsengesetz erlaubt zwar
den automatisierten Handel an der Börse
ausdrücklich, doch es gibt keinerlei strenge
Kontrollen für diesen Handel.
Da die europäische Einigung über den

Hochfrequenzhandel-so wird der automatisierte
Handel bezeichnet wegen seiner Geschwindigkeit-
in Form einer EU-Richtlinie geregelt ist, muss
diese ins nationale Recht umgesetzt werden.
Folglich müssen österreichische Gesetze
angepasst werden an die Vorgaben dieser EU-
Richtlinie über Märkte für Finanzinstrumente.

Ich verfolge auch immer die Berichterstattung
in den Medien, und vor kurzem wurde das Thema
selbstfahrende Autos aufgegriffen. Die
Verkehrspsychologin des ÖAMTC -
österreichischer Automobilclub - schätzt, dass
es diese Autos in 20, 30 Jahren flächendeckend
geben wird. Heute gibt es Versuche von
selbstfahrenden Autos, die nicht von
Menschenhand gesteuert werden, sondern von
Computern.
Ausgehenden von meinem Zukunftsszenario eines
Quantencomputers mit großen Kapazitäten, und
damit mit vielfältigen Einsatzmöglichkeiten, in
ca. 20, 30 Jahren, so würde also ein
Quantencomputer auch diese Autos steuern
können. Und wenn Autos, die ausschließlich vom
Computer gefahren werden, ohne dass die
Personen im Auto eingreifen können, dann
stellen sich schon wesentliche und brisante
Rechtsfragen und auch Anforderungen an die
Technik. Wer ist verantwortlich, wenn dieses
computergesteuerte Auto doch einen Schaden
verursacht, einen Sachschaden oder sogar zu
Verletzungen oder zum Tod von Menschen führt?
Laut geltender Rechtsordnung ist der Lenker
oder die Lenkerin eines Autos für verursachte
Schäden verantwortlich.
Wenn das Steuer aber ein Computer ist, ist die

Frage nach der rechtlichen Verantwortung eine andere. Ein Computerprogramm kann man nicht bestrafen, das macht keinen Sinn. Jene Personen, die im Auto sitzen, dieses aber nicht steuern und nicht einmal steuern können, kann man natürlich auch nicht zur Verantwortung ziehen, wen also dann? Jene Personen, die das Computerprogramm geschrieben haben, sich bestimmte Algorithmen ausgedacht haben oder die Herstellerfirmen?
All diese Fragen müssen in Zukunft von der Politik, Gesetzgebung und der Gesellschaft beantwortet werden müssen.
Und mit welchen Algorithmen soll man diesen Computer programmieren, wenn es zu brenzligen Situationen kommt? Wenn beispielsweise ein Kind plötzlich vor das Auto auf die Straße läuft, und das Auto nicht mehr rechtzeitig bremsen kann, soll das Auto so programmiert werden, dass es ausweicht, und gegen die Wand fährt, um dem Kind auszuweichen oder soll es das Kind niederfahren?
Ein Experte hat diese Frage aufgeworfen, und vorgeschlagen, dass man Algorithmen schafft, die verhindern, dass das Kind überfahren wird, und das Auto ausweicht, auch wenn dies bedeutet, dass das Auto dann an die Wand gefahren wird.
Diese Meinung kann man auch so interpretieren, dass die Gesetzgebung direkten Einfluss nehmen kann, welche Algorithmen programmiert werden, wenn diese so stark-wie im Straßenverkehr - eingreifen können in bestimmte kritische Situationen, wo es sogar um Leben und Tod von Menschen geht.
Das Argument von Herstellern selbstfahrender

Autos ist auch beachtenswert. Das Hauptmotiv, um Autos zu produzieren, wo der Menschen nicht mehr steuert, sondern ein Computer, ist die Sicherheit. Das bedeutet aber, dass dem Computer mehr vertraut wird als den Fähigkeiten des Menschen. Man könnte auch schlussfolgern, dass der Computer besser ist als der Mensch, es besser kann, ja geradezu perfekt ist. Diese technische Entwicklung, die so sehr forciert wird von Unternehmen, und bereits in Versuchsstadium ist, geht in diese Richtung, dass der Computer den Menschen ersetzt. Zuerst waren es die Maschinen, die die menschliche Arbeitskraft ersetzt haben im Zeitalter der industriellen Revolution im vorigen Jahrhundert. Heute wird von Menschen, die in Wirtschaft und Technik Einfluss haben, der Computer als die Errungenschaft auserkoren, der unser Leben besser, leichter, sicherer etc. machen sollte. Menschen sollen die Verantwortung an Computer abgeben, diesen vertrauen. Doch wieweit soll dieses Vertrauen gehen, und wie weit wollen wir den Computern unser gesamtes Leben bestimmten lassen? Das Problem, das ich sehe, ist, dass genau diese Fragen eigentlich nicht gestellt werden, und breit diskutiert werden öffentlich und politisch. Das Ziel ist ausschließlich auf den tatsächlichen und breiten Einsatz von Computern gerichtet, die uns in sämtlichen Bereichen des Lebens Handlungen abnehmen sollen, mit dem Argument, dies sei alles zu unserem Besten. Hoffentlich kommt nicht eines Tages dann das böse Erwachen, und wir haben den Computern so viel Macht eingeräumt über unser Leben, dass wir so abhängig geworden sind und ein Leben

ohne Computer nicht mehr lebbar erscheint. Und
sich dieser Einsatz von Computern derartig
verselbständigt hat, dass wir ohne Computer
unseren Alltag nicht mehr schaffen, der
Computer also unersetzbar geworden ist. Längst
gibt es Tendenzen Roboter zu schaffen, die
Menschen in ihrem Alltag unterstützen, wichtige
medizinische Werte messen, Tipps geben oder
Hinweise, welche Aufgaben man erledigen muss,
etc.
Ein Thema für manche Autoren ist die Gefahr,
dass künstliche Intelligenz, Roboter die Macht
über uns Menschen übernehmen als eine Art
Horrorvision. Manche finden diese Sorge
wiederum völlig übertrieben.
Doch am besten überprüfen kann man, wie sehr
wir schon von Computern abhängig sind, und
diese unseren Alltag bestimmen, indem man
einmal versucht, tagelang ohne Handy zu leben.
Auffallend an der Nutzung des Handys sind schon
die großen Generationsunterschiede. Während
viel alte Menschen, meine Mutter beispielsweise
hat nie ein Handy verwendet, und vermisst
dieses auch gar nicht, gut ohne Handy, Computer
und Internet auskommen, gelingt es jungen
Menschen weitgehend gar nicht mehr auf ihr
Smartphone zu verzichten. Von digitaler Diät
ist die Rede, und ExpertInnen empfehlen Handy
freie Zeiten, um dem Stress der ständigen
Erreichbarkeit, zu entgehen.
Ich selber habe ein Handy, das ich selten
nutze, und noch dazu ist es kein Smartphone.
Ich kenne aber genug Menschen, die Smartphones
haben, und diese nutzen die vielfältigen
Möglichkeiten dieses kleinen Minicomputers mit
Internetverbindung voll aus, sie fotografieren,

sie surfen, und suchen nach Informationen im
Netz, schreiben Kurznachrichten, kontrollieren
ständig, ob Anrufe, oder Nachrichten
eingegangen sind usw. Man spart sich das
Denken, Überlegen und Nachdenken, da man das
Handy immer griffbereit hat, und sofort alle
Informationen bekommt, die man braucht. Eines
nachts habe ich mir beispielsweise überlegt,
wieso die Zahl 93 keine Primzahl ist. Ausgang
war eine Quizsendung, wo man aus 3 vorgegebenen
Zahlen, die Primzahl wissen sollte. Bequemer
ist es natürlich gleich das Smartphone zu
befragen, aber da ich keines habe, habe ich
selber nachgedacht. Das war eigentlich
interessant und hat mir Spaß gemacht, aber ich
musste eben ein paar Minuten nachdenken, und
habe gerechnet. Die Verlockung, sofort den
Computer zu befragen, ist schon groß, aber
gleichzeitig nimmt man sich auch ein
Erfolgserlebnis. Das Erlebnis ganz alleine das
richtige Ergebnis gefunden zu haben. Der
Taschenrechner ist zwar eine gewisse Hilfe,
aber liefert in diesem Fall nicht sofort das
Ergebnis. Ich erinnere mich, dass die
Einführung des Taschenrechners schon zu
Diskussionen geführt hat, ob die Kinder in der
Schule dadurch nicht das Rechnen verlernen.
Heute kann man sich fragen, ob die Kinder nicht
das Schreiben mit der Hand verlernen, wenn sie
nur auf Computertastaturen schreiben.
Immer wieder wird auch in den Medien berichtet
von Pkw oder Lkw Lenkern, die ohne mitzudenken
quasi "blind" auf ihr GPS System vertraut
haben, und dadurch auf irgendwelchen Wiesen im
hohen Schnee stecken geblieben sind, oder in
irgendwelchen engen Gassen nicht mehr

weiterfahren konnten, weil diese zu eng waren
für das Fahrzeug. Besonders dramatisch war es,
als ein Lkw-Fahrer vom seinem GPS eine Brücke
über einen Fluss angezeigt bekam, und er der
Anweisung folgte, dann jedoch im Fluss landete,
weil es an dieser Stelle gar keine Brücke gab.
Aus diesen Beispielen sollten wir lernen, die
Nutzung eines Computers durchaus auch kritisch
zu hinterfragen.
In jedem Fall werden die Einführung und die
praktische Nutzung eines Quantencomputers die
Möglichkeiten der Anwendung deutlich erweitern,
und noch attraktiver machen. Die künstliche
Intelligenz, so fürchten manche Autoren, könnte
unserer bald weit überlegen sein. Und genau
darin sehen sie auch das Risiko.
In Zukunft sind die Verbindungspunkte und
Schnittstellen zwischen Recht und
naturwissenschaftlicher und technischer
Entwicklung noch enger und stärker verknüpft,
auch mit der Installierung und Nutzung von
Quantencomputern mit ihren speziellen
Algorithmen und den Gesetzen der Quantenphysik.
Die Naturwissenschaft Physik hat sich in den
vergangenen Jahren immer mehr als Grundlage von
neuen Technologien etabliert.
Eine weitere neuere Entwicklung in den neuen
Medien, wo Algorithmen eine Rolle spielen, sind
Meldungen auf Twitter, und in anderen
sogenannten sozialen Medien, die nicht Menschen
geschrieben haben, sondern Computer, die vorher
mit bestimmten Algorithmen programmiert wurden.
Dahinter stecken auch automatisierte Accounts.
Auf diese Weise betreiben PolitikerInnen
Meinungsmache, und wollen die Menschen für sich
einnehmen, besonders beliebt ist diese Methode

angeblich schon in den USA, auch bei dem
vergangenen Präsidentschaftswahlkampf sollen
beide KandidatInnen versucht haben, die
Menschen mit Meldungen von Computerprogrammen
zu beeinflussen. Die deutsche Kanzlerin Angela
Merkel hat sich aber für die im Jahr 2017
abgehaltene Bundestagswahlen
in Deutschland ablehnend gegenüber der Nutzung
dieser automatisierten Accounts, auch Bots
genannt, ausgesprochen. Sie meint, diese sind
eine Herausforderung für die Demokratie und die
Gesellschaft.
Leider ist es nicht einfach, zu erkennen, ob
eine Meldung in den sozialen Medien von einem
Bot kommt, also von einem Computerprogramm,
oder ob es eine Meinung ist, die direkt von
einem Menschen kommt.
Computerprogramme, die Meinungen verbreiten,
die Medien und Massen beeinflussen können und
sollen, ist tatsächlich eine
demokratiepolitisch problematische Entwicklung,
wo es wichtig ist entgegen zu steuern. Dem
Einsatz von Computern, um Menschen zu steuern,
müssen schon Grenzen gesetzt werden.

DAS DIGITALE ZEITALTER

Bei der internationalen, großen Konferenz für
Kommunikationssicherheit und Cybersecurity, die
Ende Oktober 2016 in Wien stattfand, meinte ein
anderer Experte, es wird massive Angriffe geben
auf die Computer der selbstfahrenden Autos und
viele Hersteller seien nicht vorbereitet.
Vernetzte Gegenstände, Haushaltsgeräte wie
Kühlschränke und andere, sind nur unzureichend
geschützt, das hat ein Angriff auf diese
vernetzten Haushaltsgeräte gezeigt.
Der Kreis schließt sich also insofern, da man
letztendlich bei all den immer zahlreicher
werdenden computergesteuerten technischen
Geräten, die schon heute zunehmend unseren
Alltag dominieren, bezüglich der Sicherheit bei
einer guten Verschlüsselungstechnologie landet.
Der Krypto Spezialist Martin E. Hellman, der
die Public-Key-Verfahren 1976 mitentwickelt
hat, hat miterleben müssen, dass beispielsweise
der NSA, der amerikanische Geheimdienst, die
Verschlüsselungsmethode ablehnte aus Angst ihre
Geheimdienstaktivitäten würden zu sehr
beeinträchtigt werden.
Daher sind die Geheimdienste auch besonders

interessiert an der Entwicklung eines
Quantencomputers. Allerdings ist auch bekannt,
dass gerade auch die Geheimdienste schon Wege
gefunden haben, die Verschlüsselung zu umgehen.
Bei reiflicher Überlegung scheinen diese
angeschnittenen drohenden Rechtsfragen
problematischer als jene beim Einsatz eines
Quantencomputers im computergesteuerten
Börsenhandel.
Doch heutige Entwicklungen mit dem Einsatz von
immer besseren Computern in vielen Bereichen
des Lebens zeigen auch, dass Computer durchaus
nicht nur problematische Folgen hervorrufen
können, sondern auch nützlich sein können, und
zur Abwehr von Gefahren eingesetzt werden
können, etwa bei noch besseren und genaueren
Wetterprognosen. Die Vorhersage von
Hitzeperioden oder Unwettern wird heute schon
immer früher möglich. Und wenn die Computer und
eines Tages auch ein Quantencomputer dafür
genutzt werden können, sind das schon
Einsatzgebiete, die für Menschen sehr nützlich
sein könnten.
Das Ziel der europäischen Wetterzentrale in
England ist es, zweieinhalb Wochen vorher
Hitzewellen vorherzusagen und Sturmtiefs bis zu
10 Tagen, damit die Behörden mehr Zeit haben,
die
Menschen zu warnen. Ein Meteorologe der ZAMG
erklärt, dass es heute möglich ist 3,4 Tage
vorher aufgrund der Berechnung von Wetterdaten
zu sehen, dass eine Wetterlage mit starken
Regen zu Hochwasser führen kann. In Zukunft
soll das laut europäischer Wetterzentrale schon
1 Woche vorher abzusehen sein. Man nennt ihn
heute schon den Supercomputer, der dies möglich

machen sollte mit noch größeren
Rechenkapazitäten.
Ein Quantencomputer mit der Rechenfähigkeit,
gleichzeitig mehrere Rechenvorgänge ausführen
zu können, eröffnet noch mehr Möglichkeiten.
Auch die Berufe der Zukunft werden andere sein,
die zunehmende Digitalisierung unseres Lebens
oder von immer mehr Lebensbereichen führt auch
dazu, dass es mehr Daten-IngenieurInnen und
Software-EntwicklerInnen brauchen wird, und
weniger Maschinenbauer und Maschinenbauerinnen
oder ElektrotechnikerInnen.
Auch in den Banken wird immer mehr Personal
abgebaut werden, da viele Bankgeschäfte im
Internet abgewickelt werden können oder auf den
technischen Geräten in den Bankfoyers.
Der deutsche Philosoph Richard David Precht
allerdings sieht noch viel mehr Jobs wegfallen,
auch Angestellte bei Versicherungen, in der
Verwaltung, SteuerberaterInnen, selbst
JuristInnen werden durch die Digitalisierung
nicht mehr gebraucht, der klassische Bürojob
wird der Vergangenheit angehören, doch durch
den Einsatz von selbstfahrenden Bussen oder
Taxis werden auch dafür keine FahrerInnen mehr
gebraucht, ebenso unnötig werden U-
BahnfahrerInnen, es steht also ein dramatischer
Wandel im Erwerbsarbeitsleben an.

In Zukunft wie auch schon heute müssten wir uns
alle mehr und intensiv auseinandersetzen, ob
und wie weit wir wollen, dass Computer unser
Leben bestimmen. Denn wenn die Entwicklung
heute schon in die Richtung geht, dass
Haushaltsgeräte wie Kühlschränke selber

feststellen können, welche Nahrungsmittel
verbraucht sind, und selbständig, ohne unser
Zutun neue bestellen können, und wenn die
Stromablesegeräte auch computergesteuert sind,
und online ab - und angestellt werden können,
dann gehen wir heute in Richtung einer starken
Steuerung unseres Alltags und einer großen
Abhängigkeit von Computern. Es scheint so, als
würde diese Computerdominanz allgemein
akzeptiert, und die Industrie und die
Hersteller setzen voll auf die Digitalisierung.
Doch wenn man verabsäumt gleichzeitig auch
diese starke Digitalisierung zu hinterfragen,
was sind denn die Nachteile, und v.a. wollen
wir wirklich die totale digitalisierte Welt,
könnten wir auf große Probleme zusteuern.
Ich bin schon sehr verwundert, dass es so wenig
Widerstand und kritisches Hinterfragen der
Digitalisierung gibt. Sie gilt als modern und
zukunftsorientiert, und das alleine ist
offenbar die Legitimation sie unbedingt
forcieren zu müssen, und sie in allen
Lebensbereichen einziehen zu lassen. Das
Problem, das ich sehe ist nicht nur diese
Dominanz der Digitalisierung, sondern v.a. auch
von Seiten der Politik, die immer weniger
vorhandene Möglichkeit der freien Wahl.
Digitale Stromzähler werden die Norm werden,
sie werden uns also vorgeschrieben, und wir
haben de facto keine Wahlfreiheit mehr.
Rechtlich soll es zwar möglich sein für
Haushalte, einen digitalen Stromzähler
abzulehnen, allerdings ist das unerwünscht. In
gewisser Weise wird uns die Digitalisierung
also aufgezwungen.
Der deutsche Philosoph Richard David Precht

wünscht sich, dass der Einsatz von digitalen Geräten und künstlicher Intelligenz den Menschen dienen soll und nicht die Würde des Menschen und dessen Selbststimmung einschränkt oder beschneidet. Er befürwortet den Einsatz von selbstfahrenden Autos, da es weniger Unfälle geben wird, aber er lehnt den Einsatz von Robotern in der Altenpflege von demenzkranken Menschen entschieden ab, da es diesen Menschen ihre Würde nimmt, und sie Anspruch hätten auf menschliche Zuwendung. Doch der Einsatz von Robotern, die gerade Menschen unterstützen, deren Gedächtnis nicht mehr ausreichend funktioniert, dass sie ihren Alltag alleine und selbständig meistern können, kann auch ein wertvoller Nutzen für diese Menschen sein, und wenn sie positiv auf den Robotern reagieren, finde ich nicht, dass man ihnen dadurch ihre Würde nimmt, vorausgesetzt, dass die Roboter entsprechenden des individuellen Bedarfs programmiert sind. Der Roboter wird nie die Geduld verlieren, solange es notwendig ist bestimmte Inhalte zu wiederholen, und er kann sogar das Gedächtnis mit den alten Menschen trainieren, ohne die Nerven zu verlieren oder zu ermüden. Weiters fällt auch die Möglichkeit des Missbrauchs, also einer schlechten Behandlung, weg, die leider durch überforderte Pflegekräfte immer wieder vorkommt und vorkommen kann.
Die uneingeschränkte Befürwortung der selbstfahrenden Autos von Richard David Precht hat mich zu der Frage inspiriert, ob wir Computer besser und leistungsfähiger einschätzen als uns Menschen?
Denn Konzentrationsfehler, Müdigkeit oder

bestimmte Emotionen können zu Unfällen im Straßenverkehr führen, aber auch in anderen Lebensbereichen, etwa am Arbeitsplatz, führen. Daher sind Computer verlässlicher, sie produzieren weniger oder keine Fehler, sind schneller, und ständig einsatzfähig, müssen nicht schlafen, essen oder Pausen machen. Ein Roboter wurde in Österreich bereits in der Altenpflege zuhause bei demenzkranken Menschen getestet, und ist bei diesen auf positive Resonanz gestoßen, das hat die Tageszeitung Kurier im Juni 2019 berichtet.

96% der Menschen bis 69 Jahre nutzen schon ein Smartphone, und 94% davon surfen regelmäßig damit im Internet, viele, auch PsychologInnen sprechen schon von einer Handysucht, von der immer mehr Menschen betroffen sind. Der Computer und das Internet sind für viele Menschen ein so wesentlicher und unverzichtbarer Teil ihres Alltags geworden, so dass sie sich ein Leben ohne diese digitale Technik nicht vorstellen können.

Ich finde ja Computer nicht grundsätzlich negativ, sie zeigen eigentlich, dass nicht nur andere Menschen wichtig sind für ein als erfüllt wahrgenommenes Leben, sondern, dass auch digitale Geräte und künstliche Intelligenz wichtig sein können, und weniger abhängig machen können von anderen Menschen. Wenn beispielsweise alte Menschen nicht mehr alleine einkaufen gehen können, können sie diese Tätigkeiten mit der digitalen Technologie machen. Auch der Einsatz von Robotern bei alten Menschen kann förderlich sein, nicht nur um das Gedächtnis zu unterstützen, sondern auch, um körperlich gebrechliche Menschen hochzuheben,

wenn sie gestürzt sind, oder wenn sie nicht
mehr alleine aus dem Bett aufstehen können,
kann der Roboter eine wichtige Unterstützung
sein. Er kann es möglich machen, dass alte
Menschen wieder autonomer und unabhängiger von
anderen Menschen werden. Pflegende Angehörige
können enorm entlastet werden, und der stark
steigende Pflegebedarf in den nächsten Jahren
und Jahrzehnten kann so gedeckt werden.
Wir müssen uns nur die allgemeine Frage
stellen, wo wir und ob wir überhaupt Grenzen
ziehen für den Einsatz von digitaler
Technologie. Und da diese Algorithmen immer von
Menschen gemacht werden, und die Maschinen sich
nicht selber programmieren können, liegt es in
unserer Hand, wie wir diese Technologien
einsetzen, und ob wir sie als positiv erleben
und wie wir mit negativen Auswirkungen, wie
Süchten, Arbeitslosigkeit, hoher Energiebedarf
der digitalen Geräte, oder der sozialen Frage,
wo und wie Menschen dann Arbeit, finanzielle
Absicherung und Erfüllung finden, wenn viele
Jobs der Computer übernimmt und übernehmen wird
in Zukunft, umgehen.

Quantencomputer und Quantenkryptografie setzen
diese Digitalisierung auf einer anderen Ebene
fort. Die Erkenntnisse der Quantenphysik haben
die Digitalisierung erst ermöglicht.
Die Technik hat sich von der mechanischen Ebene
auf eine immer kleinere verlagert.
In der Quantenphysik spielt der Zufall die
entscheidende Rolle, und es gibt viele
Diskussionen, ich habe sie in einem Kapitel
auch angeschnitten, über freien Willen und
diesem Zufall der Quantenphysik. Geben wir

unseren freien Willen auf, und lassen wir den
Computer bestimmen? Oder wie frei sind wir in
unseren Entscheidungen noch, wenn wir immer
mehr Verantwortung und Handlungen an Computer
delegieren, z.B. die selbstfahrenden Autos, der
Computer steuert, und wir sind seine passiven
Passagiere? Es wird auch seit einiger Zeit in
der europäischen Union diskutiert, das Bargeld
immer mehr zurückzudrängen. Eine Tendenz in
Richtung digitales Geld gibt es schon in
nordeuropäischen Staaten, wo die Menschen kaum
mehr mit Bargeld bezahlen.
Wenn man sich also näher auseinandersetzt mit
dem Einzug der Digitalisierung in unser
Alltagsleben, so stößt man durchaus auf diese
Problematik, dass die Digitalisierung zwar
zahlreiche neue Möglichkeiten eröffnet, aber es
besteht eben auch die Gefahr, dass der
Datenschutz und die Freiheit des Einzelnen in
problematischer Weise eingeschränkt werden
kann. Wenn die Wahlfreiheit durch die
Gesetzgebung auf nationaler und europäischer
Ebene zu sehr beschnitten wird, und der
sogenannte "gläserne" Mensch entsteht.
Manche erinnert diese Entwicklung auch das
legendäre Buch von George Orwell " 1984", in
dem der Autor eine Gesellschaft beschreit, in
der Menschen keinerlei Privatsphäre mehr haben,
und es keine individuelle Freiheit mehr gibt,
weil jeder Mensch ständig der Überwachung
ausgesetzt ist. Die digitalen Technologien
machen diese allzeitige Überwachung von
Menschen möglich.
Meine persönliche Einstellung als Juristin ist
ganz klar, es muss eine Wahlfreiheit geben
zwischen mechanischen Geräten und digitalen

243

Geräten. Im Grunde könnte die Gesetzgebung
diese Wahlfreiheit festschreiben. Man könnte
sich aber, genaugenommen jeder und jede
Einzelne auf Grundrechte berufen. Aber der
gesellschaftliche Druck ist doch auch sehr
stark, die Digitalisierung als die Norm
anzusehen, die wir nützen und anwenden müssen,
um nicht als altmodisch zu gelten oder
ausgegrenzt zu werden.
Viele sehen in der zunehmenden Digitalisierung
unseres Lebens eine Chance für die Zukunft,
nach dem Motto, man kann sich dieser
Digitalisierung nicht verschließen, sondern
Österreich muss diese Entwicklung auch in der
Forschung mitgehen. Gleichzeitig sieht man
aber, dass es nicht wenige Menschen gibt, wie
das Ergebnis der Volksabstimmung
Großbritanniens über den Austritt aus der
europäischen Union gezeigt hat, die sich als
VerliererInnen der Globalisierung erleben, die
also von der digitalisierten menschlichen Welt
nicht erfahrbar profitieren. Globalisierung und
Digitalisierung werden als zusammengehörig
begriffen. Das Internet hat nationale Grenzen
verschwimmen lassen, Menschen können direkt und
sofort miteinander kommunizieren auch über
große geografische Distanzen hinweg. Ebenso
bedient sich die Wirtschaft des Internets, das
erst die sozialen Medien, wie Facebook, Twitter
und Co. ermöglicht hat, und dadurch wurde die
Welt globaler. Also alle sind miteinander
vernetzt, und räumliche Distanzen spielen in
der Verbreitung von Nachrichten, Informationen,
im Austausch von Meinungen usw. keine Rolle
mehr.
Manche sehen in den Firmen Google, Facebook,

Twitter und Co. eine große Gefahr für unsere
Demokratie, unzählige Daten werden gesammelt,
analysiert, weiterverkauft, und in Folge wird
unser gesamtes Verhalten manipuliert.
Diese rasante technische Entwicklung in den
vergangenen 30 Jahren ausgehend von der
Entdeckung des Internets durch einen Forscher
am Kernforschungszentrum CERN bei Genf, macht
aber sehr deutlich, wie entscheidend
NaturwissenschafterInnen und TechnikerInnen
unser gesamtes gesellschaftliches Leben, unser
Denken, unseren Alltag, unsere Gewohnheiten
nicht nur beeinflussen, sondern geradezu
bestimmen.
Die Verantwortung von NaturwissenschafterInnen
und TechnikerInnen ist also groß. Sie haben, ob
sie wollen oder nicht, auch eine große
gesellschaftliche Verantwortung aufgrund
dessen.
Diese könnte am besten wahrgenommen werden
durch eine wissenschaftliche Zusammenarbeit von
Naturwissenschaft, Technik und Rechts- und
Politikwissenschaften. Denn letztendlich
stellen diese neuen Technologien für die
Politik und Gesetzgebung auch neue
Herausforderungen dar. Es müssen neue Gesetze
geschrieben werden, oder Gesetze angepasst und
erweitert werden. In einem Zeitungsinterview
hat der frühere österreichische Innenminister
Sobotka über die steigende Kriminalität im
Internet gesprochen, und auch erwähnt, dass
sein Ziel ein sogenannter Staats-Trojaner ist,
um die Verschlüsselung von Kriminellen am
Endgerät knacken zu können.
Vor einiger Zeit berichtete der Kurier in
Anschluss an dieses Interview über die boomende

digitale Erpressung: Man lädt sich ungewollt ein Programm herunter, das in der Folge alle Daten am Computer verschlüsselt. Häufig geschieht dies durch Öffnen einer Mail, die eine falsche Rechnung enthält oder eine nur vorgetäuschte Bewerbung. Wenn man die Daten nicht anderswo gespeichert hat, muss man den Betrügern einen Geldbetrag bezahlen, um wieder Zugang zu seinen Daten zu bekommen. Da im Bundeskriminalamt dafür sogar schon eine eigene Sonderkommission eingerichtet wurde, muss diese digitale Datenerpressung schon viel zu oft vorkommen.

Aber auch das schon einmal erwähnte Darknet verbreitet sich schnell. Dieses - wörtlich übersetzt - dunkle Netz hat sich ursprünglich aus der gewünschten Anonymität entwickelt. Zunächst war es legal bzw. es nutzten nicht die Kriminellen, sondern Leute, die nicht ausspioniert werden wollten, etwa Dissidenten in autoritären Regimen vor Geheimdiensten. Dieses Netz ist schwer zu überwachen, und man bekommt auch schwer Zugang, man braucht schon Programmierungswissen. Man kann nicht leicht verfolgt werden. Personen, die sich kennen schließen sich zu diesen kleineren Netzen zusammen. Das Darknet gilt heute als Grauzone, doch wird es oft auch von Kriminellen genutzt für Waffen, Drogen und andere kriminelle Geschäfte, dunkle Geschäfte. Im normalen Internet kann die eigene Nutzung leicht nachverfolgt werden, man kann viel über Menschen erfahren, die sich im freien und leicht zugänglichen Netz bewegen, viele Firmen nutzen diese Offenheit für ihre Geschäftszwecke.

In Zukunft kann es das Quanteninternet geben, die Quantenkryptografie, und den Quantencomputer, dann wäre das Quantenzeitalter bei den Menschen angekommen, in unserem Alltagsleben, und Quanten würden dieses bestimmen.
Eigentlich sind sie ja so klein diese Quanten, dass sie für unser Auge unsichtbar sind, also dem Mikrokosmos angehören. Doch unsere Makrowelt scheint von diesen kleinsten Teilchen oder kleinsten Einheiten durchdrungen zu sein, und deshalb erscheint es mir auch nicht unwahrscheinlich und keine unmögliche Utopie, dass die Quantenphysik in einigen Jahrzehnten ganz in unseren Alltag Einzug nehmen wird. Doch auch über unsere Alltagserlebnisse hinaus hat die Quantenphysik einen Einfluss auf die Philosophie und auf diese Weise auf unser Denken. In einem Interview mit Anton Zeilinger im Forschungsmagazin der österreichischen Akademie der Wissenschaften vom 9/2011 sagte er Folgendes zu diesen philosophischen Aspekten der Quantenphysik:" Des Weiteren müssen wir uns von der Annahme verabschieden, dass das, was wir beobachten, schon vor der Beobachtung existiert hat. Quantenphänomene, die wir experimentell beweisen sind zwar noch meist auf die Welt des Kleinen beschränkt. Dennoch können wir nicht so tun, als ginge uns das alles nichts an. Markus Aspelmeyer hat bereits Quantensysteme mit ihren kontraintuitiven Eigenschaften hergestellt, die mit freiem Auge sichtbar sind. Unsere Vorstellungen von Raum und Zeit, die bis heute weitgehend auf Kant zurückgehen, müssen im Lichte der Quantenphysik

247

erweitert werden. Deswegen haben wir auch am
IQOQI (Institut für Quantenoptik und
Quanteninformation) Wien ein vielversprechendes
Programm einer amerikanischen Stiftung laufen,
bei dem Philosophen den Physikern im Labor über
die Schulter schauen können. Sie erhalten somit
Informationen über Quantenphysik aus erster
Hand."

Als Nichtquantenphysikerin hat sich bei mir von
der Quantenphysik am meisten eingeprägt, die
Überlagerung von Möglichkeiten oder
Eigenschaften, die erst bei einer Messung und
das rein zufällig übergehen in eine bestimmte
Eigenschaft. Also ein Photon, ein
Lichtteilchen, ist vor einer Messung
beispielsweise in einem Zustand, wo die
Eigenschaften der vertikalen und der
horizontalen Polarisation gleichzeitig
vorhanden sind. Erst durch eine Messung wird
dann rein zufällig, eine bestimmte Eigenschaft
vertikal oder horizontal sichtbar am Messgerät.
Diese Unbestimmtheit der Quantenphysik
erscheint mir der größte Unterschied zu unserer
Alltagswelt. Wir leben in einer Welt, die mit
klassischer Physik beschreibbar scheint. Doch
wenn Quantenkryptografie oder Quantencomputer
eines Tages von vielen Menschen genutzt werden,
verschwimmen die Grenzen zwischen klassischer
Physik und Quantenphysik in unserem
Alltagsleben.
Zum Teil ist das heute schon der Fall, da
Quantenkryptografie schon anwendbar ist, und am
Mark erhältlich ist.
Aber in unserem Denken sind die
Quantenphänomene sicherlich noch nicht präsent.

248

Wir denken im Prinzip noch nach Erkenntnissen der klassischen Physik. Eigenschaften sind auch dann da, wenn wir sie nicht sehen oder beachten. Beispielsweise sind wir uns sicher, dass ein Mensch mit blauen Augen diese auch hat, wenn wir sie nicht ansehen. Wenn man sich vorstellt, dass eine bestimmte Augenfarbe erst dann sichtbar wird, wenn man hinsieht, erscheint uns das absurd.

Wenn man sich nicht darauf verlassen kann, dass jene Eigenschaften, die wir im Alltag beobachten auch beim nächsten Mal so zu beobachten sein werden, kann das folgenschwere Probleme ergeben für das Zusammenleben. Wenn man einen Menschen einmal trifft, und er hat blaue Augen und blonde Haare, beim nächsten Wiedersehen jedoch dunkle Haare und braune Augen, kann das verwirrend sein, und man kann den Menschen, wenn man ihn oder sie nur zufällig trifft auf der Straße vielleicht gar nicht erkennen, und an ihm oder ihr vorbeigehen. Ebenso kann es der anderen Person mit einem selber gehen. Auch wenn man sich selber in den Spiegel blickt, erblickt man immer wieder zufällig einen Menschen mit anderen äußeren Eigenschaften. Das kann einerseits ganz lustig sein, andererseits auch erschreckend. Doch auch im zwischenmenschlichen Zusammenleben können sich insofern größere Probleme ergeben, wenn man an das Rechtssystem denkt: Ein Autofahrer, der Fahrerflucht begeht beispielsweise, wird schwer bis unmöglich ausfindig zu machen sein, wenn die Autofarbe und das Autokennzeichen immer auch ein anderes sein können. Man sich also auf keine Autofarbe verlassen kann. Wir wissen aber, dass wir uns

in unserem Leben darauf verlassen können, dass
wir bestimmte Eigenschaften beobachten, die
auch dann da sind, wenn wir sie nicht
beobachten.
Andererseits kann man auch anders argumentieren
beim Umsetzen von Quantenphysik in unser Leben.
Wenn wir einmal eine bestimmte Eigenschaft
festgestellt haben, also ein bestimmtes
Ergebnis vergleichbar mit einer Messung
vorliegt, dann bleibt diese Eigenschaft
bestehen, weil der Quantenzustand zerstört
wird, manche sprechen auch vom Kollaps der
Wellenfunktion. Also die Unbestimmtheit-
ausgedrückt durch die Überlagerung von
Möglichkeiten oder Eigenschaften-hält nur
solange an bis durch die Konfrontation oder dem
Kontakt mit der Außenwelt diese in einen
bestimmten Zustand übergeht, also eine
bestimmte Eigenschaft sichtbar wird, die dann
auch von dauerhaften Bestand ist, das bedeutet,
sie geht nicht mehr zurück in den
Quantenzustand.
Ganz anders verhält es sich aber mit
menschlichen Eigenschaften wie Ehrlichkeit,
Treue, Mut, Begeisterung, Offenheit,
Freundlichkeit usw. Wir wissen aus Erfahrung,
dass Menschen durchaus ihr Verhalten ändern
können, situativ oder es
kommt zu einer Charakterveränderung.

Spannend finde ich die Formulierung von Stephan
Hawking in dem Buch Einsteins Traum, wo er die
Quantenphysik so beschreibt, dass ein Teilchen
viele mögliche Wege nehmen kann, und nicht nur
einen bestimmten Weg. Damit ist die
Vorherbestimmbarkeit des Weges dieses

Teilchens, wenn dann auch noch der objektive
Zufall der Quantenphysik mitbedacht wird,
unmöglich. Spannend finde ich es deshalb, weil,
wenn man statt Teilchen einen Menschen nimmt,
hat dieser dann auch viele mögliche Wege in
seinem Leben vor sich, und wenn nun der Zufall
mitspielt, kann dieser Mensch auch seinen
Lebensweg nicht nur vorausplanen wegen des
unvorhersehbaren Zufalls, der immer wieder
hineinspielt, sondern darüber hinaus sind auch
viele mögliche Wege oder Entscheidungen, die
wir treffen können, in unserem Denken durchaus
so präsent. Wir überlegen uns öfter, in so
mancher Lebenssituation, welche
Handlungsoptionen wir haben, und oftmals gibt
es mehrere Möglichkeiten, wie man sein Leben
weiterleben will und kann. Es sind also mehrere
Lebenswege möglich in Gedanken, umsetzen können
wir aber nicht alle Möglichkeiten, wir
entscheiden uns für einen bestimmten Weg.

SUPRALEITUNG UND RECHT

Am Beginn meine Arbeit habe ich noch ein weiteres Szenario skizziert, nämlich den Einsatz von Supraleitung bei der Stromleitung. Zur Erinnerung nochmals das entwickelte

Szenario:

Die Anwendung der Quantentechnologie der Supraleitung wird für die Stromleitung genutzt. Im Gegensatz zu den gegenwärtigen technischen Möglichkeiten durch die, laut Schätzungen 15% der Leistung durch den Leitungswiderstand verloren gehen, ermöglicht die Supraleitung eine widerstandsfreie bzw. verlustfreie Stromleitung.

Was ist eigentlich Supraleitung?

In dem Buch" Schrödingers Katze" von Brigitte Röthlein widmet die Autorin auch dem Quantenphänomen Supraleitung ein Kapitel, und beginnt mit der Geschichte der Supraleitung das Kapitel: " Der niederländische Physiker Heike Kamerlingh-Onnes entdeckte im Jahr 1911 ein seltsames Phänomen, das er sich nicht erklären konnte: Wenn er Quecksilber auf weniger als minus 269 Grad Celsius abkühlte, verlor es plötzlich seinen elektrischen Widerstand vollständig und leitete Strom ohne Verluste. Onnes erhielt 1913 den Nobelpreis, allerdings nicht für diese Entdeckung, die Supraleitung genannt wurde. Nach und nach stellte man fest, daß etwa ein Dutzend Elemente und weit über hundert Legierungen ein ähnliches Verhalten zeitigten. Immer aber lag die sogenannte Sprungtemperatur unterhalb derer sich Supraleitung einstellte, nur wenige Grad über dem absoluten Nullpunkt, der bei -273 Grad Celsius liegt," schreibt die Autorin. Letztlich kommt sie in dem Kapitel Supraleitung zu den Anwendungsbereichen von Supraleitung, die sie im Elektrizitäts- und Energiebereich sieht, besonders die verlustfreie Stromleitung über weite Strecken. Sie meint, dass in Regionen mit hoher Bevölkerungsdichte unterirdisch verlegte supraleitende Kabel den steigenden Strombedarf decken. Die erhöhten Kosten für die nötige Kühlung der Leitungen sollte durch die Verminderung der Verluste leicht wettgemacht werden, ist sie offenbar sehr überzeugt, denn schließlich gehen nach Schätzungen von Fachleuten heute rund 15 Prozent der übertragenen Leistungen durch den Leitungswiderstand verloren, das heißt sie wandeln sich in Wärme um, erläutert sie weiter.

Auch die Autoren des Projekts "Perspektiven der Quantentechnologien" der deutschen nationalen Akademie der Wissenschaften und der deutschen Akademie der Technikwissenschaften gehen in dem 4. Kapitel Quanteninformationsverarbeitung in Festkörpern auf das Phänomen der Supraleitung ein. Allerdings wird es in einem anderen Anwendungszusammenhang genannt als die Autorin oben es getan hat. Die Autoren des 4.1. Kapitels schreiben über Quantenbits in Supraleitern darüber: " Der elektrische

Widerstand bewirkt, dass die von einem elektrischen Strom geführte Information verloren geht. Kühlt man aber die Supraleiter unter die sogenannte Sprungtemperatur, so geht das System der Leitungselektronen in einen makroskopischen Quantenzustand über und der Widerstand verschwindet. In supraleitenden Schaltkreisen gibt es deshalb keine Verluste. In ihnen kann man sehr unterschiedliche quantisierte Größen als Quantenbits verwenden. Im Gegensatz zu Quantenbits aus einzelnen Atomen oder Ionen sind diese makroskopisch, weil sie Abmessungen im Mikrometerbereich aufweisen und mehr als 1 Milliarde Elektronen beteiligt sind, informieren die Autoren dieser Studie.

Die Supraleitung hat jedoch laut einem Artikel in dem Fachmagazin der österreichischen Akademie der Wissenschaften noch weitere Anwendungsbereiche:" Supraleiter leiten Strom ohne Widerstand. Bereits jetzt werden sie vom Kernspintomographen bis zum Teilchenbeschleuniger vielfältig eingesetzt. Doch noch braucht man für deren Einsatz entweder sehr niedrige Temperaturen oder die Supraleiter müssen aus keramischen Materialien sein, die aber leicht brechen. Ließen sich Supraleiter bei Zimmertemperatur herstellen, wären noch ganz andere Einsatzmöglichkeiten denkbar: der verlustfreie Transport von Strom, der eine immense Energieersparnis bedeuten würde - und natürlich die supraleitende Magnetschwebebahn, die nicht nur als Model, sondern als Bahn der Zukunft durch die Landschaft gleitet". Da auch in diesem Artikel

wieder die Energieersparnis gelobt wird, wäre
es doch sinnvoll, eine echte Kosten-
Nutzenanalyse zu erstellen. In den
Wirtschaftswissenschaften ist das eine
Forschungsmethode, doch auch Unternehmen machen
Kosten-Nutzenanalysen, um die tatsächlichen
Kosten den Nutzen gegenüberstellen zu können.
Zusätzliche Kosten wären natürlich für die
Verlegung der unterirdischen Leitungen
notwendig, sofern es neue Leitungen braucht.

Auf den ersten Blick betrachtet, scheint die
Supraleitung doch eine Technologie zu sein, die
sich auch als Anwendung eignet, um den
Stromverbrauch, und nicht nur die Energiekosten
zu senken, sondern auch einen wertvollen
Beitrag zu der erwünschten Energieeffizienz
leisten zu können. Mithin kann Supraleitung als
Stromleitung auch dem Umweltschutz
zugutekommen. Einerseits würden die hässlichen
Strommasten aus der Landschaft verschwinden
können, andererseits würde der Stromverbrauch
sinken können, wenn geschätzte 15% weniger
Strom verloren geht durch den elektrischen
Widerstand, und das wäre keine geringe
Ersparnis.
Zudem gibt es ein Energieeffizienzgesetz, das
grundsätzlich vorsieht, dass jene, die Energie
anbieten oder zu Verfügung stellen, dies so
effizient wie möglich machen sollen.
§2 des Energieeffizienzgesetzes bestimmt den
Zweck des Gesetzes, Ziffer 5 verpflichtet die
Energielieferanten zur Verbesserung der
Energieeffizienz und Ziffer 6a) den
Energieverbrauch und die Energieeinfuhr zu
senken und somit die Versorgungssicherheit zu

verbessern

Die Supraleitung als Anwendung zur Stromleitung erfüllt also optimal diese gesetzlichen Zwecke, und darüber hinaus könnte sie auch einen wichtigen Beitrag zur Erreichung der Klimaziele leisten.

OFFENE FRAGEN

Ich habe in meiner Arbeit bisher oftmals auf die Unterschiede zwischen der Makrowelt und der Mikrowelt in der physikalischen Forschung hingewiesen. Doch in der physikalischen Forschung ist seit langem auch ein Forschungsschwerpunkt die Grenze zu finden, an der die quantenphysikalischen Erkenntnisse gerade nicht mehr gelten, wo also beginnt die Makrowelt und wo endet die Mikrowelt, in der die Quantenphysik gilt?
Wenn man in die Geschichte der Physik zurückblickt, stößt man auf die lange Zeit bestehende Debatte, ob Licht nun eine Welle oder ein Teilchen ist. Durch die Entdeckung von Thomas Young, der wie schon einmal erwähnt, Lichtteilchen durch einen Doppelspalt schickte, und dabei feststellte, dass Interferenzen auf dem Bildschirm sichtbar wurden, die nur bei einem Wellencharakter zu beobachten sind, denn ein Teilchen kann nicht durch beide Spalte gleichzeitig gehen, dachten die PhysikerInnen, dass dies nun der Beweis ist, dass Licht eine Wellennatur besitzt. Doch durch die Entdeckung des photoelektrischen Effekts im Experiment

folgerte Einstein, dass Licht auch ein Teilchen ist, er postulierte den Welle-Teilchen Dualismus.

Hatte man lange Zeit diesen nur auf Photonen, die Teilchen des Lichts bezogen, so kam ein französischer Physiker, der sich dachte, warum sollte dieser Effekt eigentlich nicht auch für die Materie gelten. Und tatsächlich gelang es Louis de Broglie 1924 zu zeigen, dass auch Elektronen, Materieteilchen, diesen Dualismus von Welle und Teilchen aufweisen, je nachdem wie das Experiment aufgebaut ist.

In der Folge ging man einen Schritt weiter, von den bisher nur verwendeten Elementarteilchen, wie Photonen und Elektronen, nahm man auch größere Teilchen.

Zunächst gelang der Nachweis der Wellennatur bei Neutronen, dann bei Atomen und schließlich auch bei Molekülen. Heute gibt es Forscherinnen und Forscher, die immer größere Moleküle herstellen, um herauszufinden, bis zu welcher Größe und Masse von Teilchen noch diese Wellennatur sichtbar ist, und damit diese charakteristischen Quanteneigenschaften von Welle und Teilchen. Je mehr Masse und je größer das Teilchen, umso eher gehen die Quanteneigenschaften verloren, weil Quanteneffekte nur sichtbar werden, wenn die Teilchen ganz von der Umgebung isoliert werden, sämtliche äußere Einflüsse müssen ausgeschaltet werden im Experiment. Und dies ist umso schwieriger, je größer ein Teilchen bzw. Objekt ist.

Doch manche Experimente zeigen auch, dass man eben diese Mikrowelt sichtbar für unser Auge machen kann durch immer besser entwickelte

technische Möglichkeiten, und damit verschwimmt
diese genaue Grenzziehung zunehmend finde ich.
Vielleicht gibt es auch keine klare
Grenzziehung? Jedenfalls sind diese spannenden
herausfordernden Fragen sicher noch lange
Gegenstand der physikalischen Forschung.

Ohne Zweifel haben Juristinnen die Rechtsfragen
der Makrowelt zu klären, und stellen keine
Gesetze auf für den Mikrokosmos, diese Welt der
kleinen und kleinsten Teilchen. Und doch finde
ich es
sehr faszinierend, wenn aber aufgrund der
quantenphysikalischen Grundlagenforschungen
neue Technologien geschaffen werden, wie
Quantenkryptografie, der Quantencomputer oder
die Supraleitung, die dann durch kommerzielle
Nutzungen und Anwendungen in den rechtlich
geregelten gesellschaftlichen Bereich unserer
sogenannten Makrowelt vorstoßen. Und dadurch
entsteht auch diese Verbindung dieser beider
Wissenschaften, die des Rechts und die der
Quantenphysik.
Doch es gibt Quantenphysiker, die noch viel
weiterdenken, und überzeugt sind, dass eines
Tages noch eine andere Theorie als die
Quantentheorie entdecken werden wird.

LITERATURVERZEICHNIS

Bücher:

John Gribbin: Auf der Suche nach Schrödingers Katze

Manjit Kumar: Quanten

Dagmar Bruss: Quanteninformation

Stephen Hawking: Einsteins Traum

Rainer Knyrim: Datenschutz und Europarecht

Werner Heisenberg: Der Teil und das Ganze

Pierre Duhem: Ziel und Struktur von physikalischen Theorien

Karen Barad: Agentieller Realismus

Rainer Knyrim: Praxishandbuch über das Datenschutzgesetz

Hans Peter Bull: Datenschutz Informationsrecht und Rechtspolitik

Günther Cyranek: Sicherheitsrisiko Informationstechnik

Drobesch und Grosinger: Kommentar zum

Datenschutzgesetz 2000

Gerhard Zrunek: Analoges Denken in Physik und
Jurisprudenz

Waltraut Ernst: Zur Kritik der Begriffe
"Erfahrung", "Objektivität" und "Konstruktion"

Brigitte Röthlein: Schrödingers Katze

Shimon Malin: Dr.Bertlmanns Socken oder wie die
Quantenphysik unser Weltbild verändert

Zur Autorin:

Gabriele Knell ist geboren in Wien und Juristin. Sie beschäftigt sich seit Jahren intensiv mit Quantenphysik, besonders mit der Quantenkryptografie und dem Quantencomputer und den rechtlichen Verbindungen einerseits und den philosophischen Aspekten der Quantenphysik andererseits. Homepage: www.thaya.one